室内科学养花200问

许焕岗　主编

中国农业大学出版社
·北京·

图书在版编目（CIP）数据

室内科学养花200问 / 许焕岗主编. - 北京 ：中国农业大学出版社，2010.10

ISBN 978-7-5655-0107-4

Ⅰ. ①室… Ⅱ.许… Ⅲ. ①花卉-观赏园艺-问答 Ⅳ. ①S68-44

中国版本图书馆CIP数据核字（2010）第182135号

书　名	室内科学养花200问		
主　编	许焕岗		
策划编辑	赵　中	**责任编辑**	解　晨
封面设计	郭莲英	**责任校对**	陈　莹　　王晓凤
出版发行	中国农业大学出版社		
社　　址	北京市海淀区圆明园西路2号	**邮政编码**	100193
电　　话	发行部 010－62731190，2620		读者服务部　010－62732336
	编辑部 010－62732617，2618		出　版　部　010－62733440
网　　址	http://www.cau.edu.cn/caup	**e-mail**	cbsszs@cau.edu.cn
经　　销	新华书店		
印　　刷	北京隆元普瑞彩色印刷有限公司		
版　　次	2010年9月 第1版　2010年9月 第1次印刷		
规　　格	787×1092 开本　　18 印张　　234 千字		
印　　数	1－10000		
定　　价	48.00元		

编 委 会

前 言

室内花卉品种繁多，形态、习性各异，繁殖、栽培技术和病虫害防治方法不一，如何正确、科学地养护室内花卉已成为众多养花爱好者面临的现实问题。因此，我们编写了《室内科学养花200问》一书，企盼能为广大养花爱好者提供帮助。

本书分为两大部分，系统介绍室内科学养花知识。第一部分共有58个问题，为室内科学养花常见的综合类知识问答，重点解答在室内养花过程中遇到的营养土配制、浇水施肥、修剪、繁殖、栽培和病虫害防治等问题；第二部分详细介绍如何科学养护190种室内花卉，其中包括93种观花类花卉、84种观叶类花卉和13种观果类花卉，并对每种花卉的别名、科属、产地、生态习性、繁殖和栽培要点、病虫害防治等，作了比较详细的介绍，同时每种花卉还配有精美图片。书中还介绍了一些养花小“窍门”，使读者轻轻松松学会养花。本书内容丰富，通俗易懂，图文并茂，力求科学性、实用性、普及性和可操作性相统一。

本书编者都是室内养花爱好者，书中内容绝大部分都是多年养花心得。内容的编写力求将自己室内养花的经验与读者朋友共享。同时也希望通过此书，实现以花会友的目的。

由于水平有限，书中难免有不确切之处，恳请读者朋友予以指正。

编者

2010.5

目 录

室内养花常用知识问答

怎样养护观花类花卉

怎样养护观叶类花卉

怎样养护观果类花卉

室内养花常用知识问答

1．室内养花有何好处?

(1) **能起装饰作用**。将养花与家具陈设相结合，创造出一个“室内几丛绿，满屋顿生春”的绿色世界，虽身居室内，却可以从中领略到大自然的风采。

(2) **能净化空气**。科学研究证实：室内养花可以吸收二氧化碳、氯化氢以及含氯、苯、氨、硫、甲醛等有害气体，至少可以减少室内30%～40%的有害气体；不少花卉还具有抑制病菌、减少噪声强度以及隔热和降低温度的作用。因而，室内养花被称为人们日常生活中的空气净化器。

(3) **能陶冶情操**。养花是一种高尚的业余文化爱好，能给主人美感，增添生活情趣。通过对花卉的养护和培育，从中了解到各种花卉的习性，获得有关知识，提高对花卉的欣赏水平，以及花卉在居室内的布置水平，无形中也提高了自己的文化和艺术素养。

(4) **能怡神养性**。繁忙、紧张的一天之后，当回到自己装饰有花卉的居室，就会被眼前令人兴奋的色彩和阵阵清香所吸引、所陶醉，在不知不觉间就能把原先的疲乏困倦消除得干干净净，甚至夜里也可以睡得比较安宁、深沉。经常看绿色植物，也有助于解除眼睛疲劳、并有矫正视力的作用。可见，室内养花对人们的身体健康十分有益。

(5) **能有经济价值和药用价值**。比如茉莉、玫瑰、白兰、珠兰等香花可熏茶；兰花、栀子、月季、牡丹、杜鹃花等可提取香精；桂花可制成点心、蜜饯；玫瑰可制成玫瑰酒、玫瑰露、香水等。还有许多花卉是珍贵的中草药，如牡丹的根皮是治高血压症、散瘀血、除燥热的名贵药材；菊花是泡茶佳品，可消暑、降热、驱风、明目；月季花可活血、消肿、治妇女病；蟹爪莲和仙人掌可外敷治疗肿毒等。

2．室内适合养什么花?

选择适合室内养的花，最主要应从点缀环境、净化空气、有益健康出发，凡有这样功能的花卉均应在选用范围之内。

一是具有吸收有毒化学物质作用的花卉。芦荟、吊兰、虎尾兰、一叶兰、龟背竹是天然的清道夫，可以清除空气中的有害物质。研究表明，虎尾兰和吊兰可吸收室内80%以上的有害气体，吸收甲醛的能力超强。常春藤、铁树、菊花、金橘、石榴、半支莲、山茶、万寿菊等，能有效地清除二氧化硫、氯、乙醚、乙烯、一氧化碳、过氧化氮等有害物。

二是具有杀灭病菌作用的花卉。玫瑰、桂花、紫罗兰、茉莉、柠檬、石竹、铃兰、紫薇等芳香花卉产生的挥发性油类具有显著的杀菌作用。紫薇、茉莉、柠檬等植物，5分钟内就可以杀死白喉菌和痢疾菌等原生菌。石竹、铃兰、紫罗兰、玫瑰、桂花等花卉散发的香味对结核杆菌、肺炎球菌、葡萄球菌的生长繁殖具有明显的抑制作用。

三是具有驱蚊虫作用的花卉。每当天气热起来的时候，人们非常希望居室内能养上一两盆能驱蚊虫的花草。晚香玉、除虫菊、野菊花、柠檬、紫薇、茉莉、兰花、薄荷等，都具有驱蚊虫的功能，各自具有的特殊香气或气味，对人无害，而蚊子、蟑螂、苍蝇等害虫闻到就会避而远之。这些特殊的香气或气味，有的还可以抑制或杀灭细菌和病毒。特别是近年引进的蚊净香草，它是被改变了遗传结构的芳香类天竺葵科植物，半年内就可生长成熟，养护得当可成活10～15年。而且其枝叶的造型可随意改变，有很高的观赏价值。它散发出的清新淡雅的柠檬香味，在室内有很好的驱蚊效果，对人体却没有毒副作用。温度越高，它散发的香味越多，驱蚊效果越好。据测试，一盆冠幅30 cm以上的蚊净香草，可将面积为10 m^2以上房间内的蚊虫赶走。

四是具有净化空气作用的花卉。原产于热带干旱地区的多肉植物，如仙人掌等，其肉质茎上的气孔白天关闭，夜间打开，在吸收二氧化碳的同时，制造氧气，使室内空气中的负离子浓度增加。室内的负氧离子不缺乏，人在房间里就不会产生憋闷感。虎皮兰、龙舌兰以及景天、落地生根、凤梨等，也能在夜间净化空气。丁香、茉莉、玫瑰、紫罗兰、薄荷等植物可使人放松、精神愉快，有利于睡眠，还能提高工作效率。

3．室内不适合养什么花？

从影响人体健康的角度分析，一般认为如下花卉应避免在卧室摆放：

①兰花香气闻得过久，会使人因过度兴奋而引起失眠；

②紫荆花花粉会加重咳嗽；

③夜来香晚上能散发出强烈刺激嗅觉的微粒，不宜久闻，否则可引起头晕目眩、郁闷不适；

④百合花香闻得过久，会使人的中枢神经过度兴奋而引起失眠；

⑤月季花香气会使过敏体质者感到胸闷、憋气；

⑥夹竹桃分泌的乳白色液体会使人中毒，易引发气管炎和肺炎；

⑦松柏类花木散发出的油香，对人体的肠胃有刺激作用，久闻会引起食欲不振，尤其会使孕妇心烦意乱、恶心欲吐；

⑧绣球花易致人皮肤过敏或发生皮肤瘙痒症；

⑨含羞草和郁金香花朵会引起人脱发；

⑩马缨丹的枝叶能散发出强烈的臭味，有毒，久在室内会导致呼吸道发病。

还有些花木绿植益害并存。例如，龟背竹是天然的清道夫，可以清除空气中的有害物质，但是它也是毒花。绿萝四季常青且能吸收有毒气体，但是绿萝的液汁有毒，碰到皮肤会引起红痒，误食也会造成喉咙疼痛；万年青有毒部位在根茎，误食多量根茎会出现恶心、腹痛、四肢发冷甚至昏迷的症状。而斑马万年青叶子的汁液可以使人变哑。一品红的叶子元旦前后会变红，因其颜色特别鲜艳而深受人们喜爱，但它的枝叶如折断或受损就会对人体产生不利影响。对待益害并存的花木绿植，只要我们对其保持适当距离，不随意玩弄抚摸，不将枝叶果实含在口中，就不会出现问题，可以放心养。

4. 卧室养花应注意什么?

卧室是人们睡眠与休息的地方，空气清新是有益健康的前提条件和最关键的因素。很多花都有净化空气、促进健康的作用，但某些花若放在卧室中，反而会成为致病源，影响身体健康。因此卧室养花应遵循以下原则：

(1) **适量的原则**。有人误认为花是产生氧气的，养的越多越好，甚至将卧室当“花房”。结果，由于大部分花卉夜间会释放二氧化碳，吸收氧气，与人“争气”，而且夜间居室大多封闭，加上花盆里土壤、人体以及宠物呼吸的二氧化碳，会增加二氧化碳的浓度，引起人体缺氧，影响健康。所以，卧室养花一定要适量，切不可将卧室当“花房”。

(2) **转移的原则**。由于绝大多数的花均是白天通过光合作用吸收二氧化碳，释放氧气，但到了夜间，与之相反。因此，白天在卧室内可以放一些花，但到了夜间要移出卧室。通过如此转移，就可以发挥益处，避免害处。

(3) **互补的原则**。在卧室内养一些“功能互补”的花卉，便可充当“空气过滤器”。选择一些与大多数花卉功能相反的，即夜间吸收二氧化碳，释放氧气的花卉。如虎尾兰、龙舌兰、景天、落地生根、凤梨等就能在夜间净化空气。仙人掌等原产于热带干旱地区的多肉植物，其肉质茎上的气孔白天关闭，夜间打开，在吸收二氧化碳的同时，制造氧气，使室内空气中的负离子浓度增加。如果将“功能互补”的花卉同放一室，既能平衡室内氧气和二氧化碳的含量，又能保持室内空气清新。

5. 东、西、南、北窗分别适合莳养哪些花?

居室内，在东、南、西、北四个方向的窗边养花，主要是根据光照和通风情况而决定莳养何种花卉。

适于东窗莳养的花卉：仙客来、文竹、天门冬、秋海棠、花叶芋、山茶、杜鹃、君子兰、蟹爪兰等。

适于西窗莳养的花卉：主要选择耐热耐强光的藤本花卉，比如络石、爬山虎、凌霄、报春花、扶芳藤、罗汉松等。

适于南窗莳养的花卉：主要选择每天能接受5小时以上光照的品种，如茶花、牵牛花、天竺葵、杜鹃、鹤望兰、茉莉、米兰、郁金香、水仙、小苍兰、冬珊瑚、观赏辣椒、五色梅、菊花、芦荟、龙舌兰、苏铁、葱兰、景天、落地生根、仙人掌等。

适于北窗莳养的花卉：比较耐阴的花卉，如吊兰、龟背竹、常春藤、豆瓣绿、万年青、铁线蕨等。

6. 如何按照光照对花卉的作用进行管理？

光照是花卉制造营养物质的能源，没有光的存在，光合作用就不能进行，花卉的生长发育就会受到影响。但不是光照越足越好，不同的花卉对光照强度的要求不同。那么，怎样才能按照花卉对光照作用的要求进行管理呢？可以按照以下分类进行管理。

一是阳性花卉。大部分观花、观果类花卉属于这一类，如玉兰、月季、石榴、梅花、紫薇等。在观叶类的花卉中也有少数阳性花卉，如苏铁、棕榈、变叶木等。多数水生花卉、仙人掌与多肉植物也属于阳性花卉。凡阳性花卉都喜强光，而不耐蔽荫。如阳光不充足，易造成枝叶徒长，组织柔软细弱，夜色变淡发黄，不易开花或开花不好，易遭受病虫害。

二是阴性花卉。在蔽荫的环境条件下生长良好，如文竹、茶花、杜鹃、玉簪、绿萝、万年青、常春藤、大岩桐、龟背竹、秋海棠等，如长期处于强光照射下则枝叶枯黄、生长停滞，严重的甚至死亡。

三是中性花卉。在阳光充足的条件下生长发育的好，但夏季光照强度大时应稍加蔽荫，如桂花、茉莉、白兰等。

光照对花芽分化也有着十分重要的作用，要使花卉开放出美丽的花朵，也必须按照花对光照时间长短的要求进行管理，大体也可分为三大类：

一是长日照花卉。一般每天的日照时间不能少于12小时，否则不能形成花芽。在春夏季开花的花卉，大都属于这一类。如鸢尾、翠菊、凤仙花等。

二是短日照花卉。每天日照的时间不能超过12小时，只有少于12小时的条件下，才能形成花芽。一品红和菊花是典型的短日照花卉，在夏季长日照的条件下，它们只能生长，不能进行花芽分化，入秋以后，当光照减少到10～11小时以后，才开始进行花芽分化。

三是中日照花卉。是指花芽形成对光照长短要求不严格的花卉，如马蹄莲、香石竹、百日草、月季、扶桑等，它们对光照时间的长短没有明显的反应，只要温度合适，一年四季均可开花。

7．如何根据各种花卉对水分的不同需求进行浇水？

不同类型的花卉，由于它们原产地的环境条件不同，为适应其生存环境，在长期进化过程中所形成的形态构造各异，因而对水分的需求也各不相同。一般有如下不同情况：

水生花卉：荷花、睡莲、凤眼莲、雨久花等花卉必须生长在水里，家庭养植可种在水缸或庭院小水池内。

湿生花卉：海芋、广东万年青、旱伞草、龟背竹、马蹄莲、水仙等大多原产地较潮湿，如热带雨林里或溪边、湖泊中，需要较高的土壤湿度和空气湿度，极不耐旱，在养护时应掌握宁湿勿干的浇水原则。

中生花卉：大部分露地花卉如扶桑、茉莉、石榴、月季、苏铁等对土壤水分的要求介于湿生花卉和旱生花卉之间，养护时应保持土壤水分在60%左右，见干见湿。

耐旱花卉：包括原产于沙漠及半荒漠地区的仙人掌和多肉类花卉，它们的多浆茎能贮藏大量水分，在较干旱的情况下，仍能继续生长。但不能抗涝，供水多了容易引起烂根，甚至烂茎而死亡。所以对仙人掌、石莲花、昙花、令箭荷花等多肉植物在栽培管理中应掌握宁干勿湿的浇水原则。

半耐旱花卉：这类花卉叶片呈革质或蜡质状，或叶片上具有大量茸毛的花卉。如山茶、杜鹃、橡皮树、天竺葵等，也包括一些具针状或片状枝叶的花卉，如天门冬、文竹、松、柏、杉科植物等，浇水时应掌握干透浇透的原则。

8. 如何根据花卉生长发育的不同阶段进行浇水?

在育苗期，盆土宜偏干，俗话说“干长根，湿长叶”，土壤偏干才易于长根壮苗，水浇多了会造成幼苗徒长。

在营养生长期，浇水充足才能枝繁叶茂，否则植株生长缓慢。但也不可盲目地多浇水而导致盆土积水烂根，一般的浇水原则是盆土见干见湿，干湿交替，以保持表土下面湿润。

在生殖生长期，花卉在由营养生长向花芽分化转化时，如水分过多或多施氮肥，已形成的花芽也会变成叶芽，因此在花芽分化期可用控制浇水的方法来抑制枝叶徒长，促进花芽形成。如三角梅、梅花、玉兰等，在6～7月分别控水2～3次，待枝梢和叶片萎蔫再浇水，可有效提高开花率。

在开花坐果期，花卉一旦进入孕蕾和开花结果阶段，耗水量最多，水分不能短缺，更不能使枝梢叶片萎蔫，否则花期变短开花不良。但也不宜太多，尤其不能积水，长期积水会导致落花落果。

当然，浇水的次数还应根据当时当地的气候环境条件灵活掌握，如空气湿度、花盆质地和大小、盆土状况等。

9. 在一年当中如何把握盆花的浇水量?

盆花浇水量能否做到适时适量，是养花成败的关键。盆花浇水量要根据花卉品种、植株大小、生长发育时期、气候、土壤条件、花盆大小及放置地点等各个方面综合判断，确定浇水的时间、次数及浇水量。在通常情况下，喜湿花卉应多浇水，喜干旱花卉宜少浇水；球根类花卉浇水不能过多；草本花卉含水量大，蒸腾度也大，浇水量比木本花卉要多；叶大而软，光滑无毛的花卉多浇，叶小而有蜡质层、茸毛、革质的花卉少浇；生长旺盛期多浇，休眠期少浇；苗大盆小的多浇，苗小盆大的少浇；天热多浇，天冷少浇；旱天多浇，阴天少浇等。

对于一般花卉来讲，四季的供水量是：每年开春后气温逐渐升高，花卉进入生长旺期，浇水量应逐渐增多，早春时浇水宜在午前进行。夏季气温高，花卉生长旺盛，蒸腾作用强，浇水量应充足。夏季浇水宜在晨、夕进行。立秋后气温渐低，花卉生长缓慢，适当少浇水。冬季气温低，许多花卉进入休眠或半休眠期，要控制浇水，盆土不太干就不要浇水，以免因浇水过多而烂根、落叶。冬季浇水宜在午后进行。

10．在一天当中什么时候浇水最适宜？

夏天以早、晚浇水较好；春、秋在上午9点左右、下午3点左右浇水合适；冬天则应在中午浇水。这只是给植物浇水时间的一般要求。其实，只要能做到控制好水温，保证用来浇花的水温同花盆土的温度尽量接近就可以浇，不一定要那么教条。如果在花盆边预先放上一盆水，过一段时间水温就和盆土温度差不多了，这样什么时间浇都可以。分时浇水，主要就是避免温差过大，如温度相差过大，和人一样，也会导致花卉感冒，影响正常生长。

11．如何把握给花卉浇水的适度？

水是花卉生长繁衍的必需条件，它对花卉的生长发育影响极大。在养花过程中，因为浇水适度把握不当而造成花卉长势不旺盛的事情屡见不鲜，因浇水太勤、太多，造成花卉死亡的事例更多。

然而，盆花浇水不足也是有害处的，由于花盆中土壤少，蓄水不多，在花卉生长季节需要注意经常补充水分，才能保证花卉正常生长。假如水分供应不足，叶片及叶柄会皱缩下垂，花卉出现萎蔫现象。如果对花卉长期供水不足，则较老的和植株下部的叶片就会逐渐黄化而干枯。多数草花若长期处于干旱状态下，植株矮小，叶片失去鲜绿光泽，甚至整株枯死。一些养花者唯恐浇水过量，浇水时每次都浇“半腰水”，即所浇的水量只能湿润表土，而下部土壤是干的，这种浇水法，也同样会影响花卉根系发育，也会出现上述不良现象。因此，浇水应见干见湿，浇就浇透。

如何把握浇水适度，最关键的是学会判断盆花是否缺水，可以采取以下方法进行判断：一是敲击法。用手指关节部位轻轻敲击花盆上中部盆壁，如发出比较清脆的声音，表示盆土已干，需要立即浇水；若发出沉闷的浊音，表示盆土潮湿，可暂不浇水。二是目测法。用眼睛观察一下盆土表面颜色有无变化，如颜色变浅或呈灰白色时，表示盆土已干，需要浇水；若颜色变深或呈褐色时，表示盆土是湿润的可暂不浇水。三是指测法。手指轻轻插入盆土约2 cm深处摸一下土壤，感觉干燥或粗糙而坚硬时，表示盆土已干，需立即浇水；若略感潮湿、细腻松软的，表示盆土湿润，可暂不浇水。四是捏捻法。用手指捻一下盆土，如土壤粉末状，表示盆土已干，应立即浇水；若成片状或团粒状，表示盆土潮湿，可暂不浇水。

如果需要准确知道盆土干湿程度，可以购买一支土壤湿度计，只要将湿度计插入土里，即可看到刻度上出现“干燥”或“湿润”等字样，便可确切知道何时该浇水。

12. 炎热的中午能用自来水浇花吗?

烈日炎炎的中午，气温很高，花卉叶面的温度常常高达40℃左右，蒸腾作用强，同时水分蒸发也快，根系需要不断吸收水分，补充叶面蒸腾的损失。这时，有的花卉会出现打蔫的现象，有些养花人怕将花卉旱死，就马上接来自来水给花卉浇水。其实这很不科学，因为此时自来水的温度与土壤的温度相差较大，约有1倍，将这样的冷水浇进盆土里，土壤温度突然降低，根毛受到低温的刺激，就会立即阻碍水分的正常吸收。这时由于花卉休内没有任何准备，叶面气孔没有关闭，水分失去了供求的平衡，导致植株产生“生理干旱”，叶片焦枯，严重时会引起全株死亡。

尤其草本花卉中，如天竺葵、茑萝、翠菊等最怕在炎热的中午浇冷水，一旦在炎热时浇冷水，容易出现病害，因此，在炎热的夏季浇花应以早晨和傍晚为宜。

13．用什么样的水浇花好？

水一般分为硬水和软水，其分类是依照水中含盐类的状况而划分的。含盐类较多的为硬水，用其浇花，常使花卉叶面产生褐斑，影响观赏效果。所以，浇花用水应该用软水。

软水以雨水或雪水为最佳。雨水是一种接近中性的水，不含矿物质，又有较多的空气，用来浇花十分适宜。如能在雨天接贮雨水用于浇花，有利于延长栽培年限，提高观赏价值，特别是性喜酸性土壤的花卉，更喜欢雨水。因此应创造条件，在雨季多收集贮存一些雨水备用。北方地区，可用雪水浇花，效果也很好，但要注意需将冰雪融化后搁置到水温接近室温时方可使用。若没有雨水或雪水，可用河水或池塘水。如用自来水，须先将其放在桶（缸）内贮存1～2天，使水中氯气挥发掉再用，较为稳妥。

浇花不能使用含有肥皂或洗衣粉的洗衣水，也不能用含有油污的洗碗水。对于喜微碱性的仙人掌类花卉等，不宜使用微酸性的剩茶水等。

14．给花喷水有何作用？

喷水能增加空气湿度，降低气温，洗去植株上面的灰尘及冲掉害虫等，避免嫩叶焦枯和花朵早凋，保持植物清新。特别是一些喜阴湿的花卉，如山茶、杜鹃、兰花、龟背竹等，经常向叶面上喷水，对其生长发育十分有利。

夏季雨后骤晴或晚间闷热，应注意喷水降温防病。喷水量的把握是一般喷水后不久水分便可蒸发掉，这样的喷水量最适宜。幼苗和娇嫩的花卉需要多喷水，新上盆和尚未生根的插条也需多喷水，热带兰类花卉、天南星科及凤梨科花卉更需经常喷水。

但有些花卉对水湿很敏感，如大岩桐、蒲包花、秋海棠等，其叶面有较厚的绒毛，水落上后不易蒸发而使叶片腐烂，故不宜将水喷到叶片上。对于盛开的花朵，也不宜多喷水，否则容易造成花瓣霉烂或影响受精，降低结实、结果率。此外，仙客来块茎顶端的叶芽、非洲菊叶丛中的花芽、君子兰叶丛中央的假鳞茎都怕水湿，这些部位喷水后均易受害。

15．花卉因缺水萎蔫后如何浇水?

盆栽花卉，由于盆内蓄水较少，尤其在炎热的夏天一旦忘记浇水，或未按时浇水，很容易引起叶片萎蔫，若不及时挽救，往往会导致植株枯萎。如果挽救不得法，也会造成植株死亡。

那么，怎样才是正确的做法呢？当发现叶片萎蔫，要立即将花盆移至荫凉处，向叶面喷些水，并浇少量水。以后随着茎叶逐渐恢复挺拔，再逐渐增加浇水量。如果一旦发现花卉萎蔫，就立刻一下子浇满水，这样很可能导致植株死亡。由于花卉萎蔫后大批根毛遭到了损伤，导致吸水能力大为降低。只有生出新的根毛之后，才能恢复原来的吸水能力。与此同时，萎蔫使细胞失水，遇水后细胞壁先吸水并迅速膨胀，原生质后吸水，膨胀速度缓慢，如果这时猛然浇大量的水，就会造成质壁分离，使原生质受到损伤，因而引起花卉死亡。

16．如何解决盆土积水过多时植株发生凋萎问题?

盆土积水，植株发生涝害，枝叶萎蔫失神，须将植株带土移出盆外，放荫凉、通风处，散发根部土壤水分，过3～5天，恢复生长，再行上盆。

17．盆花应选用何种土壤？

盆栽花卉，由于它的根系只能在一个很小的土壤范围内活动，所以对土壤的要求比露地花卉要高。一是要求养分尽量全面，在有限的盆土里尽量含有花卉生育所需要的营养物质；二是要求有良好的理化性状，即结构要疏松，持水能力要强，酸碱度要合适，保肥性要好。

基于以上两点，盆栽花卉时应尽量选择有良好的团粒结构，疏松而又肥沃，保水排水性能良好，同时含有丰富腐殖质的中性或微酸性土壤。这种土壤重量轻、孔隙大、空气流通、营养丰富，有利于花卉根系发育和植株健壮生长。

然而，这样的土壤条件是一般天然土壤难以具备的。因此盆花用土。需要选用人工配制的培养土。这种培养土是根据花卉植物不同的生长习性，将两种以上的土壤或其他基质材料按比例混合而成，以满足不同花卉生育的需要。

18．怎样配制培养土？

首先是选择配制培养土的材料，常用的材料有以下几种：

(1) **素面沙土**。多取自河滩，其排水性能好，但无肥力，多用于掺入其他培养材料中以利于排水。

(2) **园土**。一般取自菜园、果园等地表层的土壤，其含有一定腐殖质，并有较好的物理性状，常作为多数培养土的基本材料。

(3) **腐叶土**。由落叶、枯草等堆制而成，其腐殖质含量高，保水性强，通透性好，是配制培养土的主要材料之一。

(4) **砻糠灰**。是由稻谷壳燃烧后而成的灰，略偏碱性，含钾元素，排水透气性好。

(5) **厩肥土**。是由动物粪便、落叶等物掺入园土、污水等堆积沤制而成，具有较丰富的肥力。

此外，还有塘泥、河泥、针叶土、草皮土、腐木屑、蛭石、珍珠岩等，均是配制培养土的好材料。

室内养花配制培养土时，各种材料比例不一定非要固定，只要配制的培养土符合以下条件就是好的培养土。一是要含有丰富的养分；二是要质地疏松具良好的排水透气性能；三是要有较强的保水保肥性能；四是要干时不开裂，湿时不黏结成团；五是要酸碱度适宜；六是要不含有毒物质和虫卵等有害物质。

培养土分为三种，一是播种用培养土，可用腐叶土5份+园土3份+素面沙土2份配制而成；二是扦插用培养土，可单独用素面沙土或蛭石配制而成；三是上盆用培养土，可用腐叶土3份+园土2份+河沙1份+厩肥土1份配制而成。

19. 如何自制腐叶土?

首先，挖一个长方形的坑，秋天时收集阔叶或针叶树的落叶、杂草等物。其次，将收集到的落叶和杂草放入长方形坑内。堆制时先放一层树叶，再放一层园土，如此反复堆放数层后，再浇灌少量污水，最后在顶部盖上一层约10 cm厚的园土等物。第三，来年暮春和盛夏各打开一次，翻动并捣碎堆积物，再堆入坑内。气候温暖地区，到了深秋季节这些堆积物大都能腐熟。此时即可挖出，进一步捣碎过筛后使用。

在堆制过程中，要特别注意两点：一是不要压得太紧，以利于空气透入，为好气性细菌活动创造条件，从而加速堆积物分解。二是不要使堆积物过湿。过湿影响通气，在缺氧条件下，嫌气性细菌大量繁殖和活动，造成养分严重散失，影响腐叶土质量。

20. 怎样利用废弃物自制肥料?

在家居养花中，常常因缺少花肥而烦恼，其实在日常生活中，我们将一些废弃物收集起来，稍作加工，就可以变废为宝，制作出非常适用的有机肥。下面介绍两种自制肥料的方法：

(1) **浸泡液肥**。用小缸或小坛，将废菜叶、瓜果皮、鸡和鱼的下水、鱼鳞、废骨、蛋壳等以及废弃的花生、瓜子、豆子、豆粉等食物一起放入里面，加水并洒少许敌百虫后盖严，待发酵腐熟后即可使用。使用时取其上清液加水稀释后才能施用。可将上述废弃物掺些旧培养土，加些水，装入大塑料袋中，扎紧放置一段时间，发酵后使用。

(2) **废物堆肥**。先选一块适当的地方挖一深60～80 cm的土坑，底部垫上10 cm炉灰末，将烂菜叶、禽畜内脏、鱼鳞、鸡鸭粪、蛋壳、肉类废弃物以及碎骨等物，放入坑内，洒一些杀虫剂，上面盖上一层约10 cm的园土，坑内保持湿润，以促进肥料腐熟。最好在秋、冬季堆制，经春季升温腐熟无恶臭气体时，即可掺入培养土中作为基肥。也可用4 mm筛子趁湿过筛搓成团粒，细的用于追肥，粗的作为基肥。

21．如何避免或减少沤肥时发出的臭味?

在沤肥容器内，放上几块橘子皮（干、鲜均可），即可减少臭味。这是因为橘子皮里含有大量的香精油，随着肥料的发酵过程不断地挥发出香味来，可使臭味减轻。待橘子皮的效果减少时，可再继续投入几块新的橘子皮。橘子皮发酵后也是一种好肥料，可以增加肥效。

22．怎样做到合理施肥?

合理施肥，即适时、适量。适时，就是在花卉生长需要时施，比如花卉叶色变淡，植株生长细弱时，对其进行施肥，这就是适时。至于什么时候施什么肥，就要根据花卉不同生长发育期各个阶段的不同需要而定，如苗期可多施些氮肥，以促进幼苗迅速、健壮地生长；孕蕾期可多施些磷肥，以促进花大籽壮；坐果初期适当控制施肥，以利于坐果。各个时期的施肥仅仅做到及时还不够，还必须做到适量，否则也会影响花卉健康茁壮成长。如施氮肥过多，易形成徒长；施钾肥过多，阻碍生育，影响开花结果。

要做到合理施肥还要注意以下几点：

⑴ 施肥要注意花卉的种类。因为不同种类的花卉对肥料的需求不同。以观叶为主的花卉，可偏重于施氮肥；观大型花的花卉，如菊花、大丽花等，在开花期需要施适量的完全肥料，才能使所有花都开放，形美色艳；观果为主的花卉，在开花期应适当控制肥水，壮果期施以充足的完全肥料，才能达到预期的效果；球根花卉，多施些钾肥，以利于球根充实；香花类花卉，进入开花期，多施些磷、钾肥，促进花香味浓。

⑵ 要注意季节。冬季气温低，植物生长缓慢，大多数花卉处于生长停滞状态，一般不施肥；春、秋季正值花卉生长旺期，根、茎、叶增长，花芽分化，幼果膨胀，均需要较多肥料，应适当多些追肥；夏季气温高，水分蒸发快，又是花卉生长旺期，施追肥浓度宜小，次数可多些。

⑶ 坚持“四多、四少、四不”。所谓“四多”是指黄瘦多施，发芽前多施，孕蕾多施，花后多施；“四少”是指茁壮少施，发芽少施，开花少施，雨季少施；“四不”是指徒长不施，新栽不施，盛暑不施，休眠不施。同时，盆花施肥还有三忌：一忌浓肥，二忌热肥(夏季中午土温高，施肥易伤根），三忌坐肥，栽花时盆底施基肥，不可将根直接放在肥上，而要在肥上加上一层土，然后再将花栽入盆中。

23．为什么不能将臭鸡蛋等直接埋入盆土中?

平时常常看到有人将臭鸡蛋、鸡鸭鱼的内脏、肉皮、饼肥等埋入盆土中，结果事与愿违，不但没能使花卉花繁叶茂，反而伤害了花卉。这是因为花卉生长发育是依靠吸收土中经过发酵溶解于水中的氮、磷、钾、镁、铁各种营养元素的，而直接埋入盆内的腐败食物在盆内发酵时产生高温，会直接烫伤花卉根系，加上微生物活动，造成土壤缺氧，致使花卉死亡。同时，未腐熟肥料在发酵时会产生一种臭味，招来蝇类产卵，蛆虫也能咬伤根系，危害花卉生长，臭味还能污染环境。所以要保障花卉生育良好，就要注意施用充分腐熟的肥料。

24．蛋壳、茶叶渣能放入盆花里吗？

在家庭养花中，常有人爱把蛋壳扣在花盆里，还有人把沏用过的茶叶和剩余的茶水根倒入花盆，以为这样对花卉生长有益，其实往往是适得其反。

因为蛋壳中有残存的蛋清，流入盆土后发酵，在这个过程中会产生热量，直接烧灼植物根部，必然影响花卉生长。

茶内含有茶碱、咖啡碱和其他生碱，对土壤中有机质养分具有一种相对的破坏作用。同时残茶覆盖于盆面，日久天长会逐渐发酵霉烂，阻碍盆土透气，造成盆内缺氧，影响根部呼吸，对花卉生长不利。

不过，经过沤制的鸡蛋壳，取其上清液作为追肥用或将蛋壳焙干捣碎，施进盆土内，对花卉生长发育是有利的。同样沤制的茶叶渣作为基肥施用，对土壤的改良也是有益的。

25．为什么液肥不能浓度过大？

施液肥如浓度过大，会导致花卉枝叶枯黄，严重时整株死亡。因为在正常情况下，植物根毛细胞液的浓度比土壤溶液浓度大，因而两者的渗透压不同，这时土壤溶液可以不断地往根毛细胞里渗透，根毛能从土壤中吸收水分和养分，供给花卉生长发育。如果施液肥浓度过高（其浓度大于细胞液深度），就会出现反现象，即细胞液反而向土壤溶液渗透，使根细胞失水，引起质壁分离，严重时造成植株枯萎而死。

因此盆花施液肥浓度绝对不能过高，那么怎样掌握液肥的量呢？其实并不复杂，只要记住两个数即可，一个是0.1，这是指盆花施化肥的浓度一般以0.1左右为宜；另一个是5～10倍，这是指使用沤制的液肥时需稀释5～10倍为妥。

26. 怎样正确使用无机肥?

无机肥即化肥。化肥见效快，宜作追肥。其品种主要有氮肥（如尿素、硫酸铵、硝酸铵、碳酸氢铵、硝酸钙等）、磷肥（如过磷酸钙、钙镁磷、磷酸二氢钾、磷酸钙等）、钾肥（如氯化钾、硫酸钾、磷酸二氢钾、硝酸钾等）及微量元素肥料。

室内观叶植物是以赏叶为主要目的，特别需要氮肥。如果氮肥缺乏，叶绿素形成快，正常的光合作用不旺盛，叶面就会失去光泽。但是施用氮肥过多，也会引起植株徒长、生长衰弱，而且不利于一些斑叶性状的稳定，所以施用氮肥必须适量。磷钾肥也是室内观叶植物必不可少的，必须配合施用。

此外，其他一些植物生长发育也需要的营养元素，如铁、钙、镁、硼、铜、锌等对室内观叶植物生长也是必需的。它们参与观叶植物生长过程的许多方面，如缺乏容易引起缺素症，影响植株的生长及观赏。如缺铁容易发生黄化，不利叶片翠绿光亮；如缺钙容易引起植株生长纤细，导致倒伏等。

27. 盆花如何松土?

盆花经常松土，能使土质疏松，有利于根际微生物的活动，同时使氧气增加，有利于扎根和根系的伸长生长，使根系发达；能够有效地防止杂草的生长，从而减少杂草的危害；施肥后松土，有利于肥料溶解，被土壤吸附，从而能使根系更好地吸收养分；在干旱时，松土有利于保持盆土的水分，而发生涝害时能使水分快速蒸发。

松土的时间和方法，一般每20～30天松一次土，或者在施肥后进行，当发生涝害和干旱时也需松土。松土时一般采用三齿小钉耙，沿花盆将盆土疏松均匀即可，注意不要碰伤根系。

28．如何把握盆栽花卉修剪时机？

“七分靠管，三分靠剪”的养花谚语，道出了花卉修剪的重要性。修剪使花卉枝条分布均匀、节省养分、调节株势、控制徒长，从而使花卉保持株形整齐、姿态优美，更重要的是有利于多开花。

修剪的时机可分为两个时期：一是休眠期修剪，主要是进行疏枝和短截；二是生长期修剪，主要是通过抹芽、疏花、剪徒长枝等，达到调节营养生长的目的。

但要把握好花卉的修剪时机，关键要根据不同类型的花卉的生长特点，选择不同的时机。若修剪以观花为主的花卉时，首先要掌握不同花的开花习性。凡春季开花的，如梅花、碧桃、迎春等，花芽是在头一年枝条上形成的，因此冬季不宜修剪。早春发芽前也不宜修剪，否则，会剪掉花枝。应在开花后1～2周内修剪，促使萌发新梢，又可形成来年的花枝。如果等到秋、冬季修剪，夏季已形成有花芽的枝条就会受到损伤，影响第二年开花。凡是在当年生枝条上开花的花卉，如月季、扶桑、一品红、木芙蓉、金橘、代代、佛手等，应在冬季休眠时进行修剪，促其多发新梢、多开花、多结果。

蔓生性木本花卉，一般应于休眠期或冬季修剪，以便保持整齐、匀称、优美的株形。

29．修剪花卉的主要方法有哪些？

修剪花卉的主要方法有以下六种：

(1) 摘心。指剪掉或掐去花卉主茎或侧枝的顶梢，促使腋芽萌发或抑制枝条徒长，使植株生长粗壮、美观、花朵数目增多。对于草本花卉而言，如一串红、金鱼草、观赏辣椒、长春花等，幼苗定植成活后，株高约10 cm时，即可进行打顶，促其多分枝、多开花。如四季海棠、倒挂金钟、菊花等，小苗定植成活后，应进行摘心，促使多发侧枝，株型丰满，增加开花数目。但对一些摘心后使花朵变小或不能开花的花卉，如凤仙花、鸡冠花等，则不宜摘心。对于木本花卉而言，一般多在春季换盆时或主枝生长旺盛时进行打顶摘心，使其加快分枝的形成。如石榴、月季、梅花、一品红、叶子花等，可根据栽培目的和植株长势多次打顶。

⑵ **抹芽除萌**。指抹去腋芽或刚萌生的嫩枝，其作用与疏枝相同，可节省养分。摘蕾也属抹芽的一种，方法是留中央顶端的花蕾，其余抹去，适用于菊花、大丽花等，摘蕾的目的是集中养分促使留下的朵大花艳。观果植物如幼果太多，也可摘去过多的，使留下的长得更丰硕。

⑶ **疏枝**。指剪除枯枝、病虫枝、纤细枝和过强枝、密生枝、无用枝等，以调整姿态，使枝条疏密有致，利于通风透光。一般应在休眠期进行。疏枝时残桩不能过长，也不能切入下一级枝干，一般上切口在分枝点起，按45°倾斜角剪截，切口要平滑。

⑷ **短截**。指剪除枝条的一部分，使之短缩。其目的是为了促使萌发侧枝；或者使萌发的枝条向预定空间抽生；或者为了调整长势，如短截是为了使冠幅均匀时，可对强枝短截；而短截是为了恢复长势时，可对弱枝进行重短截，促使长出有力的新枝。短截常施用于花木，一般宜在休眠期进行。短截时应注意剪口芽的方向，使它朝着较疏的枝间或朝向外侧，剪口要平滑，成45°角向剪口芽相反方向倾斜，剪口的下端与剪口芽的芽尖相齐。花芽顶生的花木不宜短截。

⑸ **剪根**。指剪除根的一部分。花卉上盆或翻盆时适度剪根，可抑制枝叶徒长，而促使花蕾形成。剪根一般在休眠期进行，但在植株过分徒长时，在生长期也可进行切根作业。

⑹ **环状剥皮、芽伤、扭枝**。这三者都是通过损伤枝条的一部分，来达到调整生长的目的。环状剥皮常施行于新梢基部，促使养分在环剥处的上方积累，利于花芽分化。芽伤在即将发育芽的上方施行，做深达木质部的刻伤，促使萌发。扭枝主要用于直立、过旺的徒长枝，经过扭曲使之趋于水平方向，抑制长势，扭枝也有促进孕蕾的效果。

30．播种前如何处理种子？

一般的种子，如四季海棠、凤仙花的种子，无须进行处理，即可直接播种。对于种皮较厚的木本花卉，春播前一般都要进行催芽，以利于出苗快而整齐，成苗率高。催芽多采用水浸、层积等方法。

(1) 水浸催芽。一是冷水浸种催芽，水温0℃以上，适用于种壳较薄的种子，如紫藤、棕榈、腊梅等。二是温水浸种催芽，水温40～60℃，适于种壳较厚的种子，如牡丹、芍药、金钱松等。浸种时水的用量约为种子的3倍，倒入水时要搅拌，使种子受热均匀。用热水浸种时，待水温降到自然温度后，即停止搅拌，浸泡13天，待种子吸水膨胀后，捞出放在18～25℃温度下催芽，每天用温水淋1～2次，并注意轻轻翻动，待种子破嘴后可播种。

(2) 层积催芽。所谓层积催芽，是用3份湿沙土和1份种子混合后，在0～7℃温度条件下保湿冷藏。此外，对长期休眠的种子或来年出芽的种子，可采用变温催芽法，即浸种后白天保持25～30℃，夜晚温度为15℃左右，反复进行10～20天，则可促进发芽。如桂花、冬青、珊瑚树等，均可采用此法。

31．怎样进行分生繁殖？

在家庭养花，进行分生繁殖有很多乐趣，也能从中陶冶情操，但要从中享受成功的喜悦还应掌握一些方法。

(1) 分株法。就是将母株上发生的根蘖、茎蘖、吸芽、走茎及根茎等分割出来，培育成独立的新株。分株繁殖的时期因花卉种类而异。一般春季开花的在秋季分株；秋季开花的在春季分株。秋季分株需在地上部进入休眠，地下部还在活动时期进行，如牡丹、芍药等；春季分株应在发芽前进行，如玉簪、鸢尾等。观叶花卉多采用分株法。分株时间一般以早春3～4月为宜。分株时，宿根花卉，先除去根部附着的宿土，然后用手或利刀按着根的自然缝隙，将其分离开，使分割后的每一小株都至少有2～3个芽；花木类无需将母株磕出，可用花铲将土挖开，从根际一侧挖出幼株即可栽植。

(2) 分球法。球根花卉的繁殖宜在休眠后，将球根挖出即可从母株上分离出来，培育成独立的新株。例如风信子的小鳞茎，一般发生在基部四周，自母株上分离后培育4年左右可达母株大小。水仙小球经3年能长成大球。郁金香大球经1年生长可形成2～3个小球，小球经过1～2年生长可长成大球。唐菖蒲球经一年生长可形成1～4个大球，并可形成许多小球。

32．嫁接成活的关键在哪里？

嫁接能保持原品种特性，克服用其他方法不易繁殖的困难，又能提高对不良环境条件的抵抗性，促进或抑制花木生育，并能提早开花结果。嫁接法多用于木本花卉，少数草本花卉也可采用此法。嫁接成活的关键是把握好“四要”原则：

一要选好嫁接时机。一般应在树液开始流动而芽尚未萌动时进行，枝接多在早春2～3月间，芽接多在7～8月间。

二要选择亲缘关系接近，具有亲和力的接穗与砧木。

三要选择生长旺盛的砧木，最好是一二年实生苗或一年生扦插苗。若砧木树龄较老，就会影响成活。接穗应选择品质优良、健壮成熟的一年生枝条。

四要注意操作要领。要先削砧木，后削接穗，以缩短水分蒸发时间。工具要锋利，切口要平滑；形成层要对准，薄壁细胞要贴紧，接合处要密合，绑缚要松紧合适。

应使用粗体（即加粗）已接活了的植株，应及时解扎缚物，否则幼苗易受勒，影响正常生长。

33. 如何进行扦插?

扦插是切取花卉的根、枝、芽、叶等的一部分，插入基质中，使其生根发芽，形成新的植株的方法。主要有以下几种：

(1) **嫩枝扦插，又名软枝扦插**。杜鹃、山茶、桂花、月季、茉莉、玫瑰、南天竹、变叶木、龟背竹、绿萝、常春藤等花木和菊花、天竺葵、大丽花、一串红等草花，均常用此法。在新梢或枝条半成熟时进行，时间多在夏、秋季节。一般插穗长度为5～10 cm，顶端留2～4片叶子，插穗下端剪口应剪在节下，易于生根。用净沙或蛭石等作扦插基质，插穗插入基质的深度约为插穗长度的1/3，插后喷水、浇水、遮阴，温度保持在20～25℃为宜。

(2) **硬枝扦插**。此法宜在植株休眠期进行。落叶花木在落叶后萌芽前，常绿花木在停止生长至春天树液流动前。

(3) **单芽扦插**。此法是用一芽一叶作扦插，如山茶、桂花、橡皮树等花木，插穗一般在10 cm以下，插后要特别注意喷水、遮阴、防风，以免插穗失水，影响成活。

34. 如何进行水插繁殖?

一些花木的嫩枝或半成熟枝条，可采用水插法进行繁殖。此法简便，成活率较高，非常适合家庭养花者使用。

进行水插繁殖，首先要选择适宜在水中生根的花卉，像栀子花、月季、变叶木、广东万年青、倒挂金钟、石榴等，此外，还有草本花卉，如玻璃翠、四季海棠、一串红、鸭趾草、合果芋、豆瓣绿等。其次，要把握水插繁殖的具体做法，要将插穗直接插于瓶中或将插穗插于有孔的木块上，使之浮于水面，插后注意经常换水，或投入几块小木炭防腐，待新根长到2～3 cm长时应及时上盆。

在具体环节上应注意以下几点：

⑴ 水插宜在气温不太高的季节进行，华北等地在9月中旬以后水插，则成活率较高。因为气温过高，加上换水不勤，水易变质，造成插条切口腐烂。

⑵ 切口一定要用洁净的利刀削平，否则切口也易腐烂。

⑶ 最好选用深颜色的玻璃瓶子，放在避光处。在这样的条件下，切口容易形成白色的愈合组织，有利于发根，发根后略见光线。

⑷ 上盆初期，应保持盆土潮湿，并注意适当遮阴，不能施肥。

35．怎样使难以生根的花木生根?

促使难以生根的米兰、紫薇、桂花、山茶、杜鹃等花木生根，除可使用ABT生根粉、萘乙酸、吲哚乙酸等生长素处理外，也可用一些经济简便方法促其生根。

⑴ 将插条基部2 cm浸入0.1%～0.5%高锰酸钾水溶液中浸泡12～14小时取出立即扦插。

⑵ 用白糖水溶液处理插条。草花使用的浓度为2%～5%；木本花卉为5%～10%。将插条基部2 cm浸入上述溶液中约24小时取出，用清水将插条沾着的糖液冲洗干净后扦插。

⑶ 用医用维生素B_{12}的针剂加1倍凉开水稀释，将插条的基部浸入其中，约5分钟取出稍晾一会儿，待药液吸进后扦插。

⑷ 对于一些不易生根的花木，也可在生长期间将枝条基部进行环状剥皮或用铁丝等物扎缚，使养分大量积聚在环剥等部位，到休眠期沿环剥等处剪下进行扦插，可促进生根。

⑸ 带踵扦插。山茶、桂花、无花果等花木剪取插条时，可将插条基部带上少许上年生枝条，则易生根。

⑹ 增加插床底温。冬季可将其放在垫有木板的暖气片或火炕上，有条件的采用电热温床进行扦插效果更佳。如需要促使大量难以生根的花木

生根，可选用ABT生根粉。此粉不仅能缩短生根时间，提高生根率，而且能促使根系发育健壮。

36．如何保障扦插的成活率？

要提高扦插的成活率，关键要做到以下“五要”：

一要选择好的插条。采条母株要具备品质优良、生长健壮和无病虫害等条件。在同一植株上，要选择当年生中上部向阳的枝条，要求节间较短、枝叶粗壮、芽尖饱满。不宜选用即将开花的枝条和徒长枝。在同一枝条上，硬枝插宜选用中下部枝条，而菊花等宜用嫩头部分。

二要选用适宜生根的扦插基质。这种基质应具备易提高土温、保水、通气等特点。

三要正确处理扦穗。扦插前用药剂处理，有促进生根的效果。软枝插一般截成8～12 cm长一段，上面带有2～3个芽，插穗下部的切口宜在节下0.5 cm处。切口要平滑，剪去下部叶片，仅留顶部2～3个叶片。插深一般以3 cm为宜。

四要创造适合生根的环境条件。多数花卉生根的适宜温度为20～25℃，原产热带的花卉要求25～30℃以上，一般土温比气温高3～5℃对生根有利。插床空气相对湿度为80%～90%，有利于生根。软枝扦插要求光照30%左右，水分适中，扦插初期稍大，后期稍干。

五要加强扦插后的管理。插后浇水，用塑料薄膜覆盖，放在较荫蔽处，防止阳光直晒，但夜间增加光照有利于扦插成活。每天打开1～2次塑料薄膜，以补充所需氧气，并防止病菌发生。要经常喷水，保持插床适度湿润，但喷水不可过量，否则插床过湿，影响插条愈合、生根。待插条新根长到2～3 cm时，即可适时移植上盆。

37. 盆花如何安全度春?

(1) **避免冷风吹袭**。盆花在室内经过漫长的寒冬，一到早春人们往往喜欢把前后门窗打开，这时冷风直接侵袭花卉，使得原产热带的喜高温类花卉，易患“感冒”，引起落叶，严重时导致全株死亡。因此，早春开门窗要选择晴天中午前后，同时避免冷风直接吹袭盆花。开窗次数由少到多，时间由短到长，使之逐步锻炼，增强适应性。

(2) **防止气温骤变**。中国广大地区，特别是北方，春天气温多变，寒流不时袭来，盆花最怕春寒。一些原产南方的花卉，若过早出室，易遭干燥风危害。盆花出室适期，除气候条件外，还要因花卉品种特性而异。

(3) **勿浇水过多**。春回大地，处于生长缓慢或休眠状态的越冬花卉，有的刚刚苏醒，有的刚萌发幼芽，这时需要一定量的水分。但不能浇得过多，如浇得过多，不仅易引起枝叶徒长，影响开花结果，而且盆土长期潮湿，土中缺乏氧气，易造成烂根。所以春季浇水要适量，即见干见湿，随着天气变暖和植株的增长，逐步增加浇水量。但春季气候干燥多旱风，应注意经常向叶面上喷水。

(四) 勿施过浓液肥。盆花或盆播幼苗越冬后，往往比较柔弱，宜施充分腐熟的稀薄液肥或各种类型的专用化肥。施肥量应由少到多，春季可每隔10～15天施1次，施肥后要注意浇水和松土，使盆土疏松，以利于根系发育。如果这时施浓肥，则有害于幼根的生长，甚至有被“烧死”的危险。

38. 盆花夏季如何管理?

夏天气候炎热，雨量增多，正是大多数花卉生长发育的旺盛期，也是花木扦插的好时机，但又是病虫害大量发生期，因此需加强管理，应注意做好以下工作：

(1) **光照与遮阴**。炎夏之际，烈日骄阳，为了盆花茁壮地生长发育。要按照不同花卉的生长习性，正确处理光照与遮阴的问题。性喜光照的花卉，如一品红、变叶木、石榴、月季等，可放在阳光充足处养护。而对米兰、菊花等则略加遮阴。对茶花、杜鹃、栀子、君子兰、南天竹等，入夏后要放在通风良好的荫凉处养护。对兰科、玉簪、南天星科花卉要放在弱光或散光下养护，同时需要采取遮阴、喷水及盖盆等办法降温防暑。

(2) **浇水与施肥**。夏季气温高，水分蒸发快，对盆花要及时浇水。但必须按照不同花卉的特性而定。性喜潮湿的花卉，如水仙、龟背竹、马蹄莲等，要求水分充足。性喜湿润的花卉，如米兰、茉莉、扶桑等绝大多数花卉，在通常情况下，以上午“找水”一次，下午傍晚浇一次透水为宜。浇水量多少，主要看植株大小和天气变化情况以及盆土实际干湿程度而定。由于花卉在夏季生长快，因此要及时供给充足的肥料。施肥也需分别对待，对于一般盆花可每隔7～10天施1次腐熟的稀薄液肥；对于性喜酸性土壤的花卉，可每隔10天左右施1次矾肥水。施肥时避免将肥水溅在叶片上，以免损伤叶面。施肥的时间宜在傍晚。施肥前注意松土，施肥后次日要注意浇水。

(3) **修剪与通风**。盆花夏季修剪主要是进行摘心、抹芽、摘叶、疏花、疏果。对于一些观花类花卉，如菊花、茶花、月季等，应摘除部分过多花蕾，促使花大色艳。对于观果类花卉，如石榴、金橘、佛手，也需及时摘掉一部分幼果，一般短的结果枝只留一个果，则果大色佳。此外，发现徒长枝时，应及时剪除。在修剪时，可根据花卉形态特性和个人爱好进行整形。

39．对夏季休眠的花如何养护？

有些花卉在夏季休眠，例如水仙、仙客来、倒挂金钟、大岩桐、小苍兰、令箭荷花等。进入休眠或半休眠状态的花卉，新陈代谢缓慢，生长停滞。因此，应针对花卉的这一生理特点，相应地采取措施，进行合理养护，才能使其顺利度过休眠期。主要措施有三：

一要将休眠的植株放在荫凉、通风的地方，以避免强光照射，同时也要避免雨水淋浇，否则易造成烂根，甚至导致整株枯死。

二要严格控制浇水。此时浇水过多，盆土太湿，极易烂根；浇水过少，又易使根部萎缩，以保持盆土稍湿润为宜。

三要停止施肥。休眠期间由于生理活动极微弱，不需要肥料，所以不能施任何肥料。否则，引起烂根、烂球，乃至整株死亡。

40. 盆花秋季如何管理?

到了秋季，气候由凉爽逐渐变冷，在这个季节对盆花管理应注意以下几点：

(1) **水肥适量**。要根据不同花卉的习性区别对待，对每年开花一次的秋菊、桂花、山茶、杜鹃等，及时追施2～3次以磷肥为主的液肥，否则不仅花少而小，而且还会出现落蕾现象。对于一年中开花多次的月季、米兰、茉莉等，应继续供给较充足的水肥，促使其不断开花。对于大多数花卉来说，北方地区过了寒露，一般就不需再施肥了，以利于越冬。随着气温的降低，除对秋冬或早春开花以及秋播的草花，可根据每种花卉的实际需要继续正常浇水外，对于其他花卉应逐渐减少浇水次数和浇水量，避免水肥过量，引起徒长，影响花芽分化和遭受冻害。

(2) **修剪整形**。入秋后气温在20℃左右时，大多数花卉易萌发较多嫩枝，除根据需要保留部分外，其余的均应及时剪除，以减少养分消耗。对于保留的嫩枝也应及时摘心。菊花、大丽花、月季、茉莉等，秋季现蕾后待花蕾长到一定大小时，除保留顶端1～2个长势良好的大蕾外，其余侧蕾均摘除。

(3) **及时采种**。许多花卉的种子，仲秋前后陆续成熟，需要及时采收。一串红、茑萝、牵牛等种子收获后去杂晒干，装入布袋内放低温通风处贮藏。对于一些种皮较厚的种子，如牡丹、芍药、含笑等，采收后宜将种子用湿沙土埋好，进行层积沙藏。

41．盆花冬季如何管理?

根据花卉的不同习性，采取相适应的管理措施，是盆花室内安全越冬的关键。

⑴ **选择适应的摆放位置**。对冬春季开花的花卉，蟹爪莲、仙客来、瓜叶菊、一品红、茶花等，对秋播的草花，如香石竹、金鱼草等，对性喜光照、温暖的花卉，如米兰、茉莉、白兰等，应放在窗台或靠近窗台的阳光充足处。有些夏季喜半阴而冬季喜光照的花卉，如君子兰、倒挂金钟等，也需放阳光充足处。对喜温暖、半光的花卉，如文竹、四季海棠、杜鹃等，可放在离窗台较远的地方；对性喜阳光但能耐低温的常绿花木或处于休眠状态的花卉，如桂花、柑橘类等，可放在有散射光的冷凉（0℃以上）处。对其它能耐低温而已落叶或对光照要求不严格的花卉，如盆栽荷花、睡莲、玉簪等，可放在没有光照的阴冷处。

⑵ **要注意通风**。在整个冬季，应在晴朗天气的中午开窗通风换气，这样既可减少病虫害的发生，又有利于花卉健壮生长。

⑶ **控制浇水与施肥**。入冬以后，气温下降，花卉代谢缓慢，或进入休眠状态，需要的水、肥极少，因此除秋冬或早春开花的花卉，以及一些秋播的草花，可根据实际需要继续浇水施肥外，对一般盆花都应严格控制水肥。对处于休眠或半休眠状态的花卉，应停止施肥。盆土如果不是太干，就不要浇水，尤其是耐阴或放在室内较阴冷处的盆花，更要避免因浇水过多而引起烂根落叶。由于冬季室内空气干燥，对一些喜阴湿的常绿花卉，如文竹、米兰、茶花、白兰等，应经常用水喷洗叶面，除尘保洁，以利光合作用，但喷水不能让盆内增加水分，以防烂根。冬季浇花或喷洗叶面用水，一定要经过日晒，使水温接近室温时再用。

42．为什么“冬不入”?

人们在长期的养花实践中总结出一条经验：叫“冬不入”。所谓“冬不入”，就是霜冻之前，对于大多数花卉来说，不要急于将盆花搬入室内。因为此时气温反复多变，时冷时热，如过早地把花卉搬进室内，对其生长发育不利。这时应将花卉放在背风向阳处，让它经过一段低温锻炼，对于多数花卉反而有益。

但由于花卉的种类不同，对温度的要求也不同，因此入室时间有早有晚，不能千篇一律。在通常情况下，君子兰、一品红、扶桑、倒挂金钟、仙人球等，待气温降到10℃左右时入室为宜。茉莉、米兰、茶花、金橘、万年青等，气温降到5℃左右时入室较好。盆栽欧李、月季等，需在－5℃冷冻一段时间，促使其休眠后，再搬入冷室（0℃左右）保存，刚入室的花卉，都要注意通风。

43．怎样栽植瓶栽观叶植物？

将观叶植物栽种在瓶子里，是近年兴起的一种新型的花卉栽培方法。它是将观叶植物栽入透明硕大的玻璃瓶中，使其成为一个美丽的“玻璃花园”，也使观叶植物更具有了一种特殊的观赏性。因而得到人们的喜爱。那么怎样栽种与管理呢？关键要注意以下几个环节：

⑴ 选好种植瓶，要选用透明、透光的大玻璃瓶。

⑵ 选择适宜瓶栽的品种，一般是喜湿的观叶植物，如石菖蒲、小叶常春藤、卷柏、铁线蕨、兰花蕉、鸭跖草等。

⑶ 种植时先在瓶底铺一层约10 cm厚的小卵石，并加入少许木炭，然后加入混合基质，将瓶轻轻摇晃，使土壤铺平，用竹竿将基质稍微压实。接着将植物一株株放入，用竹竿将它栽好、扶正，植物栽完后，分几次加入少量的水，让水沿瓶壁流进，使瓶土湿润，最后用软木塞将瓶口塞住，放在朝北向窗口光亮处养护。

⑷ 在日常养护时，如发现瓶子里每天早、晚出现雾气的时间超过1小时以上时，说明瓶内过于潮湿，需把瓶盖打开一段时间，然后再盖好瓶

盖。如瓶壁上无水珠，即需沿瓶壁浇少量水。如果摆放的房间光线暗时，可在瓶盖上安装一个60 W灯泡，并戴上美丽的灯罩。这种灯光有利于植物生长。瓶栽一次一般可连续欣赏3～4年。

44. 怎样防治花卉真菌病害?

常见的花卉真菌性病害主要有十几种，现按不同的防治方法归类介绍如下：

(1) 白粉病、炭疽病、黑斑病、灰霉病的症状分别为：

白粉病的症状开始是在叶片上产生黄色小点，而后扩大发展成圆形或椭圆形病斑，表面生有白色粉状霉层。一般情况下部叶片比上部叶片多，叶片背面比正面多。

炭疽病症状为叶片上病斑近圆形，直径4～18 mm，在湿度较大的情况下病斑呈淡灰至红褐色，略呈湿润状，严重的叶片干枯。

黑斑病的症状是发病初期叶表面出现红褐色至紫褐色小点，逐渐扩大成圆型或不定形的暗黑色病斑，病斑周围常有黄色晕圈，边缘呈放射状、病斑直径3～15 mm。后期病斑上散生黑色小粒点，即病菌的分生孢子盘。严重时植株下部叶片枯黄，早期落叶，致个别枝条枯死，如月季黑斑病。

灰霉病的症状为侵害叶片，往往在叶缘或叶尖处出现暗绿色水渍状斑（如开水烫伤），并不断向叶内扩展，湿度大时造成褐色腐烂，其上长满灰色霉状物。湿度变小时，发病部位变成褐色、浅褐色、枯黄色等干枯状（因花卉种类不同而异），花瓣上出现褐色、浅褐色、白色等水渍状斑块（因花卉种类不同而异）。

以上四种病的防治方法为：一是深秋或早春清除枯枝落叶并及时剪除患病枝、叶，将其烧毁；二是发病前喷洒65%代森锰锌600倍液保护；三是合理施肥与浇水，注意通风透光；四是发病初期喷洒50%多菌灵，或50%甲基托布津500～800倍液，或75%百菌清600～800倍液。

⑵ 锈病，其症状为叶片正面为浅黄色不规则病斑，叶背为黑色孢子堆，叶片提早脱落。

防治方法为：除可选用上述三种方法外，发病后可喷洒97%敌锈钠300～500倍液，或25%粉锈宁2 000～3 000倍液。

⑶ 根腐病，其症状为最先危害根部的须根，根部变褐腐烂，然后围绕须根基部形成红褐色圆斑，再上沿至肉质根，后期根部凹凸不平，病健交错。地面上部表现为生长长势衰弱，但病叶不枯死，严重者干枝坏死皮层变褐下陷。

防治方法为：一是土壤消毒，用1%福尔马林处理土壤或将培养土放锅内蒸1小时；二是浇水要见干见湿，避免积水；三是发病初期用50%代森铵400～500倍液浇灌根际。

⑷ 菌核病，其症状为多在近地面的茎部、叶柄和叶片上发生水渍状淡褐色病斑，边缘不明显；茎秆上病斑初为浅褐色，后变成白土色，稍凹陷，最终导致组织腐朽、表皮易剥、茎内中空、碎裂成乱麻状。

防治方法为：一是使用1%福尔马林液或用70%五氯硝基苯处理土壤，每平方米约用五氯硝基苯5～8 g，拌30倍细土施入土中；二是选用无病种苗或栽植前用70%甲基托布津500倍液浸泡10分钟；三是浇水要合理。

45．怎样防治花卉病毒病害？

近年来，病毒病上升很快，已仅次于真菌性病害。病毒病能危害多种名贵花卉，如水仙、兰花、香石竹、百合、大丽花、郁金香、牡丹、芍药、菊花、唐菖蒲、非洲菊等。其症状有花叶、黄化、卷叶、畸形、丛矮、坏死等。病毒主要是通过刺吸式昆虫和嫁接、机械损伤等途径传播的。因此，防治病毒病更需以预防为主，综合防治，可采取以下措施：

一是选择耐病和抗病优良品种，这是防治病毒病的根本途径。

二是严格挑选无毒繁殖材料，如块根、块茎、鳞茎、种子、幼苗、插条、接穗、砧木等。

三是铲除杂草，减少病毒侵染源；适期喷洒40%乐果乳剂1 000～1 500倍液，消灭蚜虫、粉虱等传毒昆虫；发现病株及时拔除并烧毁，接触过病株的手和工具要用肥皂水洗净，预防人为的接触传播；温热处理，如一般种子可用50～55℃温水浸10～15分钟。

四是加强栽培管理，注意通风透光，合理施肥与浇水，促进花卉生长健壮，可以减轻病毒之害。

46．怎样防治花卉细菌病害?

常见花卉细菌性病害主要有软腐病、根癌病和细菌性穿孔病等。软腐病的症状为侵染叶柄，产生水渍状病斑，组织软腐，很快萎蔫倒落，而后逐渐蔓延至叶柄和根部，组织变黑，软腐黏滑，伴有恶臭味，整个植株很快萎蔫死亡。根癌病的症状为发病初期病部膨大呈球形或球形的瘤状物。幼瘤为白色，质地柔软，表面光滑。以后，瘤渐增大，质地变硬，褐色或黑褐色，表面粗糙、龟裂。由于根系受到破坏，发病轻的造成植株生长缓慢、叶色不正，重则引起全株死亡。细菌性穿孔病的症状为叶片发病，初为水渍状小点，扩大后呈圆形或不规则形病斑，紫褐色至黑褐色，大小2～5 mm。病斑周围呈水渍状并有黄绿色晕环，以后病斑干枯，病健交界处发生一圈裂纹，脱落后形成穿孔，或一部分与叶片相连。对细菌病害的防治方法主要有：

(1) 对软腐病的防治：一是贮藏地点要用1%福尔马林液消毒并注意通风、干燥。二是实行轮作，盆栽最好每年换1次新的培养土。三是及时防治害虫，从早春开始注意选用辛硫磷等农药防治地下害虫。四是发病后及时用敌克松600～800倍液浇灌病株根际土壤。

(2) 对根癌病的防治：一是栽种时先用无病苗木或实行轮作或用五氯硝基苯处理土壤，每平方米用70%粉剂6～8 g拌细土0.5 kg翻入土中。二是发病后立即切除病瘤，并用500～2 000 mg/L链霉素或5%硫酸亚铁涂抹伤口消毒。

(3) **对细菌性穿孔病的防治**：一是发病前喷65%代森锰锌600倍液预防。二是及时清除受害部位并销毁。三是发病初期喷洒50%退菌特800～1 000倍液。

47. 怎样防治线虫病害？

线虫病害主要危害菊科、报春花科、蔷薇科、凤仙花科、秋海棠科等花卉。其主要症状是在寄主主根及侧根上产生大小不等的瘤状物。对其防治方法有：

(1) **实行轮作**。每年换土1次，这是一项十分有效的防治措施。

(2) **改善栽培条件**。伏天翻晒几次土壤，可以消灭大量病原线虫；清除病株、病残体及野生寄主；合理施肥、浇水，使植株生长健壮。

(3) **土壤消毒**。培养土用蒸笼蒸约2小时。

(4) **热水处理**。把带病的用于繁殖的部位浸泡在热水中（水温50℃时，浸泡10分钟；水温55℃时，浸泡5分钟），可杀死线虫，而不伤寄主。

(5) **药物防治**。每平方米用3%呋喃丹颗粒剂约25 g（此药为剧毒药，使用时一定要注意安全），将其均匀施入土中，上覆约10 cm厚的土，浇透水，有效期长达45天左右，且能兼治多种其他害虫，如蚜虫、红蜘蛛、介壳虫、地下害虫等。

48. 怎样防治花卉刺吸害虫？

刺吸害虫主要有蚜虫、红蜘蛛、粉虱、介壳虫、蓟马、蝽象等，它们用针状口器刺吸花卉组织汁液，引起卷叶或叶片上出现灰黄色小点，或出现叶片、枝条枯黄症状。

防治方法：喷洒40%氧化乐果乳油1 000～1 500倍液；除介壳虫外其他害虫还可喷洒2.5%溴氰菊酯（敌杀死）2 500～3 000倍液；防治红蜘蛛还可喷洒20%三氯杀螨醇1 000倍液。

49．怎样防治花卉食叶害虫？

食叶害虫主要有刺蛾、蓑蛾、卷叶蛾、夜蛾、毒蛾、天蛾、舟蛾、枯叶蛾、凤蝶、粉蝶等幼虫及金龟子、象甲、叶蜂等。此类害虫用咀嚼式口器，取食固体食物，有的将叶片咬得残缺不全，有的卷叶为害，有的把叶子吃光，仅留下粗的叶脉等。

防治方法：①人工消灭越冬虫茧或护囊等。②幼虫初孵期，喷洒90%敌百虫或50%辛硫磷或50%杀螟松1 000倍液。③防治金龟子和叶蜂，还可采用人工捕杀法。

50．怎样防治花卉蛀干害虫？

常见的为害花卉的蛀干害虫，主要有天牛、木蠹蛾、吉丁虫、茎蜂等。它们危害花卉的特点是钻蛀花卉枝条、茎干内，造成孔洞或隧道。

对其防治要根据不同种类的蛀干害虫采取不同的防治方法，但有其共同的防治方法，即可用铁丝插入虫孔，刺死幼虫或从虫孔处注射80%敌敌畏或40%氧化乐果20～50倍液，注射后立即用黏泥将虫孔密封毒杀幼虫。防治天牛还可用人工捕杀成虫；防治木蠹蛾用灯光诱杀成蛾；防治吉丁虫还可利用成虫的假死习性，于清晨摇枝捕杀等。

51．怎样防治地下害虫？

地下害虫是指在土中为害花根部或近土表主茎的害虫。常见的有蛴螬、蝼蛄、地老虎、金针虫、大蟋蟀、地蛆等，它们的共同特点是多潜伏在土中，不易发现，为害盛期多集中在春、秋两季。

防治方法：①合理控制种植密度、翻耕整地、合理使用肥料、忌施未腐熟的有机肥、适时灌水、清除荒地杂草。②毒谷毒杀，将谷子煮成半熟，晾成半干，拌上50%辛硫磷乳剂，用药量为谷子重量的0.1%～0.2%，充分混匀后施入土中，可防治蛄蝼、蛴螬、金针虫等。③毒饵诱杀，用50 g 90%晶体敌百虫加5 kg饵料（鲜草或炒香的饼肥等）拌匀制成毒饵，于傍晚施寄主花卉根际附近，即可诱杀蝼蛄、地老虎等，防治地老虎还可以人工捕杀。④防治地蛆可用40%乐果1 000倍液浇灌寄主花卉根际。

52．如何安全使用农药？

居室养花遇到病虫害就要使用农药，要做到安全有效，应注意以下几点：

⑴ **避免花卉发生药害**。首先，是要注意施药的浓度。施药浓度过高，会导致花卉受害，因此要严格掌握使用浓度，不能偏高。其次，要注意不同种类的花卉，或同一品种不同发育阶段的花卉，各自对农药的反应是不同的。同一种花卉，一般地说，幼苗期、嫩梢、嫩叶均易产生药害，大部分花卉在花期对农药敏感，故应慎重用药。第三，在气温高、日照强的中午施药，容易产生药害，因此夏季施药宜在傍晚进行。第四，药液要随配随用。若配好后久存，易发生沉淀或使有效成分分解，不仅防效低，而且易产生药害。

⑵ **防止人体中毒**。绝大多数农药都是有毒的化学物质。虽有高毒、中毒、低毒之分，但对人体大都有或大或小的毒性危害，因此使用时必须注意安全，避免中毒。施用农药前需要了解各种农药的毒性及使用应注意事项。施用时最好戴上橡皮手套，防止药物沾到皮肤上。喷药时最好选无风天气在室外进行。如有微风要朝着顺风方向喷施，以免药液溅到脸上和毒气进入人体。施药后要立即用肥皂将手洗净，以防万一。

53．怎样自制植物性农药？

植物性农药可以就地取材，制作简便，无药害、无残毒、无污染，对居室养花常见的几种病虫害具有较好的防治作用。

⑴ **大蒜汁液**。取紫皮大蒜250 g，加水浸泡片刻，捣烂取出汁液，加

水稀释10～20倍即喷洒，可防治蚜虫、红蜘蛛、介壳虫等害虫，对防治白粉病、灰霉病也有较好效果。将此液浇入盆土中可以防治线虫、蚯蚓等。

⑵ **辣椒煮水**。取红的干辣椒50 g，加清水1 000 g煮沸15分钟，过滤后取其上清液喷洒，可防治白粉虱、蚜虫、红蜘蛛、蛞象等害虫。

⑶ **烟叶泡水**。取烟叶50 g（如用烟梗或纸烟需加1倍），加清水1 500 g，浸泡一昼夜，用手反复揉搓后过滤，再加入0.1%～0.2%中性洗衣粉喷洒，可防治蚜虫、红蜘蛛、叶蝉、粉虱、蓟马、蛞象、卷叶虫及其它多种食叶害虫。

⑷ **青蒿煮水**。取青蒿500 g，加清水2 500～4 000 g煮沸30分钟，过滤后浇灌，可防治地老虎等地下害虫，同时可防治立枯病。青蒿煮水10倍液，可防治蚜虫、红蜘蛛及软体害虫等。

⑸ **茶籽饼**。将茶籽饼捣碎，用少量热水浸泡一昼夜，滤去渣滓，加水30～40倍喷洒，可防治蚜虫、飞虱、蜗牛等害虫。用40倍液喷雾，对防治锈病也有较好效果。

此外，大葱、韭菜、姜、洋葱、花椒以及桃叶、蓖麻子、银杏叶、车前草、曼陀罗等切碎捣烂，加水若干倍浸泡过滤后喷洒或施入土中，均可以防治多种常见害虫。

54．不开花或落花落蕾的原因及如何解决？

养育花卉者，总会盼望着开出美丽的花朵，枝叶长得也旺盛。然而，往往付出了不少辛苦，但就是不开花，有时虽然开了花，但花朵小、花色淡，还有的落花落蕾，为什么会出现这种状况？原因何在？

⑴ **水肥不当**。花卉生长期间，水肥过量，引起枝徒长，营养物质多用于营养器官（根、茎、叶）生长上去了，繁殖器官（花、果实或种子）缺乏养分，影响花芽形成，导致不开花或开花很少，即使能开花，也易落花、落蕾。这种现象多生在施氮肥过多，而又缺乏磷肥的情况下，由于磷肥不足，就会影响花芽形成。因此在花芽分化期要注意增施含磷肥较多的

花肥或0.2%磷酸二氢钾溶液，则有利于花芽的形成和孕蕾。孕蕾期，施肥过浓，浇水忽多忽少，易造成落花落蕾，花卉生育期，缺肥少水，植株生长不良，瘦弱矮小，也易造成开花少或花朵小而花质差。

⑵ **光照温度不适宜**。由于花卉原产地不同，所以习性各异，有的喜光照，有的宜半阴，有的喜温暖，有的喜凉爽、有的喜温润，有的耐干旱，如果各自所需要的生长条件得不到满足时，就容易引起落花、落蕾。

⑶ **土壤含盐碱量高**。大多数花卉喜微酸性和中性土壤，而怕盐碱。即使较耐盐碱的花卉，如天竺葵、月季等，当土壤含盐量超过0.1%，也会影响其生长发育和开花。这是由于土壤在微酸性条件下，养分有效性最好，因而最适宜花卉的生长发育。

⑷ **年久未修剪**。栽培的花木，若长时间不修枝整形，枝条杂乱，不仅影响美观，而且由于许多不必要的枝条，消耗大量养分，影响花芽形成，也是造成不开花或开花少的原因之一。

⑸ **冬季室温过高**。多数花卉冬季处于休眠或半休眠状态，室温以5℃左右为宜。即使一些喜温暖的花卉，如米兰、玻璃翠等，室温一般也不要超过12℃。石榴、月季、无花果等适宜低温（0℃左右）。若室温过高，影响花木充分休眠或过早的抽芽叶，消耗了大量养分，翌年生长衰弱，不开花或花朵瘦小，容易凋落。

⑹ **病虫侵袭**。花卉生长发育期间，常易遭受病虫危害，生长受到破坏，影响养分积累，也易造成落花落蕾。

55．盆花叶子为何发黄、如何补救？

盆栽花卉常常出现叶子发黄的状况，其原因何在？怎样补救？

⑴ **浇水过多与干旱脱水都容易出现黄叶，只是表现形式与挽救措施各异**。浇水过多，使得盆土长期过湿，造成土中缺氧，使部分须根腐烂，先是嫩叶黄，继而老叶也渐渐发黄，最后脱落。解决的办法是：先是控制浇水，暂停施肥，并经常松土，使土壤通气良好。

(2) **长久脱肥与施肥过量，也都能导致叶片发黄脱落**。不同的是长久脱肥枝叶瘦弱，叶薄发黄。此时应倒盆，换入新的疏松肥沃的培养土，并逐渐增施稀薄腐熟液肥或复合花肥。施肥过量就会出现新叶肥厚，且多凹凸不平，老叶干尖焦黄脱落。应立即停止施肥，增加浇水量，使肥料从盆底排水孔流出，或立即倒盆，用水冲洗土坨后再重新栽入盆内。

(3) **炎热高温与遮阴过度，均可使叶子发黄，严重时会脱落**。解决问题的关键要因花而异，对性喜凉爽的花卉，如仙客来、倒挂金钟、四季海棠等，若放在高温处让强光直晒，极易引起幼叶叶尖和叶缘枯焦，或叶黄脱落。只要及时移至通风良好的阴凉处即可。若将喜阳光的花卉长期放在蔽荫处或光线不足的地方，遮阴过度就会导致枝叶徒长，叶薄而黄，不开花或很少开花，需注意将花盆移至向阳处。

(4) **水土偏碱与土壤偏酸，因此造成的叶片发黄，就要调节水、土、肥**。北方多数地区土壤及水中含盐碱较多，栽植喜酸性的花卉，如杜鹃、山茶、含笑、栀子花、兰花、桂花等，由于土中缺乏可被其吸收的可溶性铁等元素，叶片就会逐渐变黄。栽植时要选用酸性土，生长期间经常浇矾肥水。南方红壤土偏酸，镁元素等易流失，栽种耐碱或喜微碱性土的花木，常易出现老叶叶脉间失绿发黄现象。可施钙镁磷肥或喷洒硫酸镁溶液。

(5) **空气干燥与温度不当，这就需要调整温湿度**。尤其在北方的冬季室内空气易过分干燥时，使一些喜湿润环境的花卉，如吊兰、兰花等，会出现叶尖干枯或叶缘焦枯现象。这时应注意采取喷水、套塑料薄膜罩等法增加空气湿度。冬季室温过低，对于性喜高温花卉常易受到寒害，而导致叶片发黄，严重时枯黄而死。若室温过高，植株蒸腾作用过盛，根部水分、养分供应不及时，也会使叶片变黄，要注意及时调整室温。

56．盆花出现偏冠怎么办?

有些盆栽花卉，常常会出现偏冠等不良形状，影响观赏价值。出现偏冠的原因，在于有些花卉具有向旋光性。向旋光性是由于其体内生长素作用的结果。生长素大部分集中在生长旺盛的部位，如茎端、芽及根尖端等的分生组织、形成层细胞以及幼叶等处，因而表现为嫩叶、嫩枝向旋光性强，老叶、老枝向旋光性弱或没有。正因为如此，一些花卉就会出现长偏的状况，如君子兰，有时叶片长得七扭八歪，不太美观。

解决这个问题的办法，就是经常转盆。转盆就是在花卉生长期间经常变换花盆的方向。尤其是在花卉生长旺盛期，应于7天左右，转动一次。每次转盆时，应将花盆原地旋转180°，这样的效果较好，能使叶片分布均匀，花头端正，植株直立不歪斜。天竺葵、君子兰、朱顶红、瓜叶菊、文竹、非洲菊、倒挂金钟、玻璃翠等，都是向旋光性较明显的花卉，应注意转盆。

57．怎样制作微型盆景?

如今比较流行制作微型盆景，它的优势在于用盆小巧，构思精细，造型美观，点缀居室，生机盎然。同时可以陶冶情操。那么怎样制作呢？最主要的是要把握以下四点：

(1) 取材。选择枝细叶小、上盆易活而且根干奇特、花果艳丽、易造型的材料。一般选用的有五针松、小叶罗汉松、黑松、瓜子黄杨、凤尾竹、细叶冬青、六月雪、文竹、雀梅、南天竹等。这些种类可用扦插、播种和分株等方法获得。

(2) 造型。制作前要对各种树木的姿态、习性等了如指掌。造型要高度概括，按照树干的特征，适当地作些画龙点睛的加工，使之疏密有致，层次分明。造型常用的方法有棕丝结扎法、铅丝缠绕法、折枝法、攀扎法及倒悬法等。一般树木整形以在早春进行为宜。具体操作要根据枝干的粗细分别选用直径合适的铅丝缠绕枝干，再把枝干弯成所需要的形态。用铅丝缠绕时必须紧贴树皮，疏密适度，绕的方向以和枝干直径成45°角为宜，经过1～2年后树干基本定型，才可去掉铅丝。

(3) 上盆。整形时要将树木从泥盆中移栽到紫砂盆或釉盆中。盆的形状、大小、色泽须和树体相配。一般情况下，高深筒盆，适合于悬崖式；椭圆或浅长方形盆，宜栽直干或斜干式；圆形盆可配置低矮盘曲植物；多角形浅盆，宜栽高干式。此外，盆架也应与花盆形态色彩协调，融合成完整的艺术结构。

⑷ **养护**。微型盆景的养护尤其需要周到细致。盆土宜经常保持湿润，要见干见湿，或用盆浸法灌水。盛夏置于阴处，用细孔喷壶往植株上喷水，保持湿润环境。生长期间要薄肥勤施，一般每10天左右施一次，可用充分腐熟的豆饼水、蹄片水等，亦可施用全元素复合化肥，施肥方法最好也用盆浸法。

58．室内花卉如何进行水培？

水培是花卉园艺中一种无土栽培方式，简便卫生，适合高层室内种养，更适合经常出差在外的家庭种养。进行水培应注意以下几点：

⑴ **选择水培容器**。一般标准是瓶壁无水泡，透明度清晰，这样有利于欣赏到全株的各个部位。容器的式样、档次，可按照个人喜爱选择。

⑵ **选择水培花卉品种**。像豆瓣绿、变叶木、海芋、喜林芋、富贵竹、吊兰、吊竹梅、郁金香、冷水花、文竹、天门冬、龟背竹、洒金珊瑚、水竹等均适于水培。

⑶ **新购来的花卉水培**。最好在泥盆里先种养一段时间，使其健壮成活，然后清洗泥土，入水培瓶中，注意根一定要舒展。尽量选择在春、秋两季下水培养，效果较好。

⑷ **用水最好选择湖水、河水、井水或雨水**。用自来水应沉淀24小时，切忌用矿泉水。水面接触根部上端3 cm为宜。 夏天2天、冬天10天换1次水，并滴入4～5滴营养液。放在光照明亮、空气流通位置，阴暗潮湿易患病虫害。

怎样养护观花类花卉

59.欧洲报春

欧洲报春，又名欧洲樱草，为报春花科报春花属，原产地西欧和南欧。花有白、粉、紫、蓝等色，花期1～4月，是冬春家庭中很好的观赏花卉。

欧洲报春性喜温暖湿润气候，春季以15℃为宜，夏季怕高温，须遮阴，冬季室温7～10℃为好，须置向阳处。适宜栽种于肥沃疏松，富含腐殖质，排水良好的沙质酸性土壤中。生长期半个月施一次液肥。植株长大后要换1～2次盆。早春开花后要剪去花茎，不让其结籽，过10～20天后再加强水肥管理，可再次开花，并连续开花。

欧洲报春多采用播种繁殖。春秋均可进行。欧洲报春的种子容易丧失发芽力，所以应及时采收和播种。一般在8～9月气温适中，发芽率高，是播种的最佳季节。因种子细小，覆土要非常薄。然后盆上盖玻璃保温保湿，当温度为15℃时，约1周可发芽。小苗长出2～3片真叶时，可移植1次，幼苗长出5～6片真叶时，可分盆定植，进入正常养护管理。

危害欧洲报春的虫害主要有潜叶蝇和蚜虫，可喷施相关药物防治。病害主要有茎腐病，主要发生在靠近基质的叶柄上，发病后立即喷施代森锰锌，可防止病情扩大。病毒病主要是由蚜虫传播的，所以只要控制好蚜虫的发生就能较好地控制病毒病的发生。还有灰霉病，冬季和早春易发生，主要是由低温、高湿所引起的，可用速克灵、灰霉克等进行喷雾防治。

60.仙客来

仙客来，又名兔子花、兔耳花、一品冠、萝卜海棠等，为报春花科仙客来属，原产地欧洲南部希腊等地中海地区。花有白、粉、玫红、大红、紫红、雪青等色，花期从10月至翌年4月。

目前市场上常见的品种有暗红仙客来，花朵大，花冠暗红色；大花仙客来，花朵大，花冠红色、白色、紫色；希腊仙客来，花朵小，花冠红色、白色、粉色，花瓣基部有深红色斑点；欧洲仙客来，秋季开花，花朵小，芳香，红色；地中海仙客来，春季开花，叶、花均小，桃红色，花瓣基部有深红色斑点，稍芳香。

仙客来喜凉爽、湿润及阳光充足的环境。生长和花芽分化的适温为15～20℃，湿度70%～75%；冬季开花期温度不得低于10℃，若温度过低，则花色暗淡，且易凋落；夏季温度若达到28～30℃，则植株休眠，若达到35℃以上，则块茎易于腐烂。

盆栽仙客来最好使用透气性好的素烧泥盆。新购的素烧泥盆需用净水浸泡30分钟后方可使用，这是因为新盆孔隙大且多，浇水后基质中的水分很快被盆壁吸收，造成植株供水不足。一般盆栽仙客来皆选用泥炭与珍珠岩混合基质。也可用腐叶土与炉渣灰混合栽培。

仙客来喜水又忌湿，盆土需要保持湿润，但要严加防止积水或渍涝，否则根系一旦腐烂，全株就会很快死亡。由于仙客来全株为肉质，所以又不耐旱，如果水分供应不及时，叶片很快就会出现发黄、萎蔫现象，即使

是补充浇水后，也会有很多的叶片变黄而需要修剪，严重影响整株的美观和生长。

仙客来一般在家庭欣赏时，已进入花期中，所以基本上不需施肥，否则会明显缩短花期，甚至落花落蕾。施肥一般选择在营养生长期进行，氮磷钾需要均衡，花蕾育成期则需要提高磷钾肥的施用量，但绝对不可施用浓肥、烈肥、生肥，否则极易产生肥害而全株坏死。如果是浇灌的液态肥料，需要从盆沿缓慢浇灌，不可从植株的顶端浇灌，并在施肥后用清水冲洗叶面。

仙客来在家庭种养一般无需自己繁殖，但可每年在休眠期后，萌发新芽后进行一次换盆换土工作，换盆换土时，应注意让球茎的1/2～2/3的部位露出土面以上，以免球茎在土壤中因水分大而腐烂。

仙客来的病害比虫害多，家庭养护中常见的有灰霉病，可及时通风降低空气湿度摘除病叶，减少传染源，也可喷施代森锰锌、多菌灵等广谱性杀菌剂防治；还有软腐病，可喷施农用链霉素或多菌灵等防治。

61.四季秋海棠

四季秋海棠，又称秋海棠、虎耳海棠、瓜子海棠，为秋海棠科秋海棠属，原产地巴西。其花叶茂密，花色有红、粉、白等，花朵簇生，如养护得当，常年可开花。

四季秋海棠喜温暖、湿润和阳光充足环境。生长适温18～20℃。冬季温度不低于5℃。要养护好四季秋海棠应把握好以下几点：

⑴ 夏季要调整光照时间，应放在有散射光且空气流通的地方，晚间需打开窗户，通风换气。

⑵ 在炎热的夏季以盆土稍湿润为宜，见到盆土发白时即可浇水，水量不宜过多。浇水时间以早晨9点前后为好。

⑶ 要按新老植株来区别对待。上一年秋季繁殖的新株，可在每茬花后施些腐熟的稀薄饼肥水，肥水比以1∶5为宜，每周1次，连施2次，两周后可再度开花。多年生的老株或长势弱的植株，当温度在25℃以上时，需停止施肥，待伏天过后再施肥，以迎来第二个开花旺季。

⑷ 繁殖常用播种法和扦插法，播种在早春或秋季气温不太高时进行，温度保持在20℃，7～10天即可发芽，扦插多在春秋进行。

⑸ 四季秋海棠在高温高湿的条件下，极易发生斑点细菌病，可用等量式波尔多液喷洒预防，并注意改善栽培条件与管理方法。发病初期应及时将病叶摘除烧毁，以防再度传播。夏季是蚜虫与红蜘蛛的高发期，可用一遍净、氯氰菊酯、虫螨克喷杀。

62. 丽格海棠

丽格海棠，又名丽佳海棠，为秋海棠科秋海棠属。丽格海棠是以德国人Otto Rieger先生的名字命名的一个秋海棠杂种群。其花色艳丽，有红、橙、黄、粉、白等多种颜色，花朵较大，花期从10月到翌年4月，是装点节日气氛的重要花卉。

丽格海棠喜温暖湿润、通风透光良好的栽培环境，忌强光直晒。冬季最低温度不得低于15℃，应尽量摆放在室内的朝南向阳处，不要离取暖器过近，以免灼伤枝叶。在夏季出现持续28℃以上的高温天气时，应采取降温措施。夏天浇水宜在早晨或傍晚，浇水次数视盆土湿润程度而定。冬季浇水尽量选择在晴天中午，水温应与室内气温相近，以免因水温太低而造成根部受刺激而死。定期施肥尤其重要，对于小苗用肥以氮肥为主，促进其生长发育成型，随着植株的生长，应减少氮肥用量，逐渐提高磷、钾肥的含量，开花前应加大施肥量，还可适当进行叶面喷肥，叶面肥的浓度不可过大，控制在1%～2%，喷施要均匀，叶面的正反面都要喷到。在生长期间要进行摘心，促使植株萌发侧枝，以达到株型丰满，还应及时去除多余的花蕾，以免造成养分的大量消耗而影响其他花朵的发育。

繁殖常用叶插或枝插法。一般于秋季9～10月间较凉爽时选取健壮的叶片或插条进行插叶或插枝，约经20天发根，扦插于蛭石或河沙中，待根系旺盛再移植盆栽。

病虫害防治，定期喷施杀菌剂预防细菌性软腐病和白粉病，可用农用链霉素、多菌灵喷雾防治。

63.龙翅海棠

龙翅海棠，又名珊瑚秋海棠，为秋海棠科秋海棠属，是四季海棠中的直立类型与垂吊类型杂交培育成的杂交种。花红色，花期长，周年开花。

龙翅海棠喜温暖、湿润、阴性至中性的生长环境。植株繁茂，生长强健而迅速，具有极佳的耐热性。

盆栽龙翅海棠以疏松、富含有机质、保水能力强的酸性土壤为佳，盆土宜经常保持湿润状态，切忌盆内积水。平时可向叶面喷水，保持空气湿度。秋季天气转凉，逐渐减少浇水量和施肥量。冬季少浇水，盆土不太干不浇，停止施肥。条件适宜，生长迅速，平时管理粗放，易于养护，家庭室内栽培，能正常越夏过冬。

繁殖常用扦插法。一般选择水插，操作简便，生根较快，根系健壮，移栽后生长旺盛，操作时要注意两点：一是先将透明器皿清洗干净，装入清水。再将生长旺盛带顶芽和三片叶的健壮茎从茎节处剪下作插条，因茎节处易生根。插条上仅保留顶芽下的第一片叶子，其余叶子摘掉。二是扦插期管理，将培养器皿放置于窗台或有遮阴设施的室外，每天换上清洁的水，以保证扦插苗生长所需氧气。在空气干燥炎热时，可向叶面喷水，保持空气湿度。

室内盆栽龙翅海棠通风不良易发生白粉病，高温高湿或盆土过湿易造成根茎腐烂，每周喷1次百菌清或多菌灵防治。龙翅海棠病毒病发生严重，要特别注意防治，发现植株萎缩，叶片变小、变皱、畸形等病毒株应及时拔除烧毁，消灭传染源。对其他生长正常植株用病毒必克喷洒防治。龙翅海棠栽培中常见虫害有蚜虫、红蜘蛛、粉虱等，可用氧化乐果乳油或虫螨克、一遍净等进行防治。

64.非洲凤仙

非洲凤仙，又名玻璃翠，为凤仙花科凤仙花属，原产地非洲。花色丰富，有红、粉、橙、白、蓝等色，全年开花不断。

非洲凤仙喜温暖湿润和阳光充足环境，耐半阴，不耐高温和烈日暴晒。土壤宜用疏松、肥沃和排水良好的落叶腐殖土或泥炭土。

生长期每半个月施肥1次，花期增施2～3次磷钾肥。苗高10 cm时，摘心1次，促使萌发分枝，形成丰满株态，多开花。花后要及时摘除残花，以免影响观赏性，若残花发生霉烂还会阻碍叶片生长。

非洲凤仙一般无需修剪就能形成较好的株形。栽培时保持适当的干燥和光照，即能形成较丰满紧凑的株形。避免营养过盛，因为肥料过高且过于集中会导致根系变褐和植株品质下降。夜晚叶片过分潮湿易使叶片过快腐烂。

繁殖常用播种法和扦插法。非洲凤仙种子细小，每克种子1 700～1 800粒，播种用消毒的培养土、腐叶土和细沙的混合土。发芽适温为22℃，播后15～20天发芽。扦插可于9月至翌年5月进行，剪取生长充实的健壮顶端枝条，长10～12 cm，插入沙床，室温在20～25℃条件下，插后20天可生根。

病虫害较少发生，主要在夏季和冬季易受灰霉病感染，因此要加强通风透气，同时可用百菌清进行防治。虫害主要为蚜虫，一旦发现蚜虫，喷施杀蚜剂防治。

65.新几内亚凤仙

新几内亚凤仙，又名五彩凤仙花，为凤仙花科凤仙花属，原产于非洲、热带山地。其花色丰富、色泽艳丽明快。花有桃红、粉红、橙红、紫红、白等色，温度适宜，全年开花不断。

新几内亚凤仙性喜温暖和光照充足，不耐寒冷，忌烈日暴晒，生长适宜温度在20℃左右，超过25℃以上则花会变小，超过30℃则必须提高相对湿度才可以使植株持续生长。温度比较低时，植株生长停顿，气温降到7℃以下就会受冻害。

新几内亚凤仙喜湿润，怕干旱，但忌水涝。盆不宜过大，盆土要见干见湿，见干即浇，浇至盆底出水即止，积水会烂根。为保持一定的空气湿度，可常向植株喷水。它对土壤适应性强，宜用腐叶土、菜园土、沙按5：3：2 混合成疏松、肥沃、透气性好的沙质培养土。

新几内亚凤仙花期长，平时需要的养分多，苗期时可适当施点氮肥。生长期、花期10～15天应施一次氮磷钾复合肥，忌单施氮肥，否则会叶多花少，施肥时如果不小心将肥沾在叶片上，要及时喷水洗掉。

新几内亚凤仙可采取扦插法繁殖。从根基掰下分枝，剪去分枝基部1～2片轮叶，放入清水中15～30分钟，使枝条吸足水分，然后插入基质中，扦插基质用素沙或蛭石均可，5～6天即有新根产生，2周后，当根长至2～3 cm时，即可上盆。

新几内亚凤仙常见病害为灰霉病，可喷洒灰霉灭、百菌清或多菌灵进行药物防治。常见虫害为红蜘蛛、粉蚧、蚜虫，可喷洒一遍净、虫螨克、氧化乐果乳油进行药物防治。

66.矮牵牛

矮牵牛，又名碧冬茄、撞羽朝颜，为茄科矮牵牛属，原产地南美洲。其花朵硕大，花冠漏斗状。花瓣变化多，有单瓣、半重瓣，瓣边呈皱波状，色彩丰富，有紫红、鲜红具白色条纹、淡蓝具浓红色脉条、桃红、纯白具白色斑纹等。花期4～10月。

家庭盆栽矮牵牛要注意以下几点：

⑴ 选择通透性较好、内径20～30 cm的土陶盆为宜，每盆种植两三株。如用通透性较差的紫砂盆、塑料盆、瓷盆种植，可在盆底放一层碎木炭块或碎硬塑料泡沫块，增强透气排水，防烂根。

⑵ 要选择疏松微酸性的土壤，切忌用重黏土和盐碱土。矮牵牛既喜肥，又耐贫瘠，如施肥过多过勤，易徒长而花少。定植或翻盆换土时，可在培养土中加点骨粉或氮磷钾复合肥作基肥。

⑶ 矮牵牛喜湿润，怕旱亦怕涝。春夏秋三季要常浇水，见盆土干即浇，保持稍偏湿润为好，但决不可渍水，过湿易烂根，过干叶易黄，冬季盆土不干微润即可。

⑷ 矮牵牛喜光，喜温暖，不耐寒。最适宜的生长温度15～25℃，除盛夏高温（34℃以

垂吊牵牛

重瓣矮牵牛

上）的中午需适当遮阴外，其余季节都要多见阳光，且日照越充足，生长越繁茂，花越多，宜置于向阳庭院、屋顶花园、南向或西向阳台、窗台。霜降前后移入室内要置于南向或西向窗台内多见阳光，保持室温2℃以上可安全越冬，10℃以上可继续生长，15℃以上可开花。经过两次越冬的老株，长势渐衰，应将其淘汰，换植新苗。

⑸ 对矮牵牛的繁殖一般用播种法，春播者夏秋始花，秋播者冬春始花。其种子十分细小，先用细土混拌，播时宜稀。播后覆盖玻璃或塑料薄膜，置半阴处，常喷水保湿。定植于盆中后，要注意摘心以促其分枝，分枝多、花也多。

⑹ 矮牵牛常见的病害有白粉病、叶斑病和病毒病等，可用百菌清或代森锰锌进行喷洒防治；常见虫害为菜蛾、蚜虫、卷叶蛾等，可喷洒氧化乐果防治。

67.花烟草

花烟草，又名美花烟草、烟仔花、烟草花等，为茄科烟草属，原产地南美。花喇叭状，有白、淡黄、桃红、紫红等色，盛花期6～8月。

花烟草性喜温暖、向阳，对光照长短较为敏感，为长日照型植物，喜肥沃疏松而湿润的土壤。水分需充足，但要注意的是不可太湿，若有积水，根易腐烂。需全日照，若日照不足则开花不够，但在气温较高的时候要适当遮阴，强光直射会造成叶片变小，脚叶黄化、脱落，生长十分缓慢或进入半休眠的状态。在冬季，由于温度不是很高，就要给予它直射阳光的照射，以利于它进行光合作用和形成花芽、开花、结实。花烟草的花是一串，当整枝的花朵开完后，可将枝条剪掉一半，仍可以继续开花。

常用播种法进行繁殖。3～4月室内盆播，发芽的最适温度为21℃，光照有利于种子的发芽。经一次移植后，6月初即可盆栽，管理简易。蒴果成熟后能自行开裂，散出种子。所以应在果实变褐时随时采种。

由于花烟草中含有尼古丁成分，所以少有虫害。夏季连阴天多时易发生叶霉病，可喷洒多菌灵或百菌清进行防治。

68.鸡冠花

羽状鸡冠花

鸡冠花，又名鸡髻花、老来红、芦花鸡冠、鸡公花、鸡角根等，为苋科青葙属，原产地非洲、美洲热带和印度。花有白、淡黄、金黄、淡红、火红、紫红、棕红、橙红等色。花期夏、秋季直至霜降。

鸡冠花喜阳光充足、湿润，不耐霜冻，不耐瘠薄，喜疏松肥沃和排水良好的土壤，可用腐叶土、园土、沙土以1∶4∶2的比例配制成培养土。适宜生长温度为18～28℃，生长期需要充足的光照，浇水不可过多，以潮润偏干为宜，防止徒长不开花或迟开花。生长后期加施磷肥，并多见阳光，可促使生长健壮和花序硕大。在种子成熟阶段宜少浇肥水，以利于种子成熟，并使较长时间保持花色浓艳。温度低时生长慢，入冬后植林死亡。

繁殖常用播种法。播种时应在种子中和入一些细土进行撒播，因鸡冠花种子细小，覆土2～3 mm即可，不宜深。播种前要使苗床中土壤保持湿润，播种后可用细眼喷壶稍许喷些水，再给苗床遮上阴，两周内不要浇水。一般7～10天可出苗，待苗长出3～4片真叶时可间苗一次，到苗高5～6 cm时即应带根部土移栽定植。

对于病虫害的防治，幼苗期易发生根腐病，可用根腐宁混合细沙撒播。生长期易发生小造桥虫，用稀释的氧化乐果乳油或菊酯类农药叶面喷洒，可起防治作用。

69. 美女樱

美女樱，又名美人樱、草五色梅、铺地锦、四季绣球、铺地马鞭草等，为马鞭草科马鞭草属，原产地巴西、秘鲁等地。花色有白、粉、红、紫、蓝等，略具芳香，花期4～10月。

美女樱喜温暖湿润气候，喜阳，不耐阴，不耐寒，不耐干旱，在疏松肥沃、较湿润的中性土壤生长健壮，开花繁茂。养护中要注意以下几点：

一是盆栽基质宜选用疏松、肥沃、排水性能好的培养土，栽种前盆底要施入腐熟的有机肥和一些过磷酸钙为基肥，除了施基肥外，在生长期每月需追施稀薄的液肥。盆土要保持湿润，但浇水不宜过勤，否则会引起基叶徒长或枯萎，影响孕蕾和开花。冬天盆土要偏干些为好。

二是要注意摘心与修剪，当幼苗长到10 cm高时需摘心，以促使侧枝萌发，株型紧密。同时，为了花开不断，在每次花后要及时剪除残花，加强水肥管理，以便再发新枝与开花。

三是母株易老化，需每2年更新1次。播种或扦插均可获得新苗。

四是防治病虫害，主要有白粉病和霜霉病危害，可用甲基托布津可湿性粉剂喷洒。虫害有蚜虫和粉虱危害，用鱼藤精乳油喷杀。

70.五色梅

五色梅，又名马缨丹、山大丹、大红绣球、珊瑚球等，为马鞭草科马缨丹属，原产地巴西等地。花冠有红、粉红、黄、橙黄、白等多种颜色，故名五色梅。四季均可开花，6～8月花量最大。

五色梅性喜光，喜温暖湿润气候。适应性强，耐干旱瘠薄，但不耐寒，在疏松肥沃排水良好的沙壤土中生长较好。生长期要保持有充足的阳光和湿润的土壤，特别是开花期间，如太干燥，则影响开花。5～10月，每7～10天施饼肥水1次，特别是花后应及时追肥，以保持花开不断。

五色梅耐修剪，要使其成为圆头状优美树冠，需经常进行摘心。当幼苗长到约10 cm高时即摘心，促使其从基部萌发分枝，保留3～5个枝条作为主枝，待主枝长到一定长度再行摘心，使主枝生长均衡。植株成形之后，随着枝条不断生长，以后要经常疏枝和短截。每年春季结合换盆，把过密枝、纤弱枝、交叉枝及病虫枝从基部疏剪掉。

繁殖常用播种、扦插、压条等方法。扦插于5月份进行，取一年生枝条做插穗，每两节成一段，保留上部叶片并剪掉一半，下部插入土壤，置于疏阴下养护并经常喷水，1个月左右即生根。家庭繁殖压条法最为简单适用，植株分枝极多，沾土生根，故将柔性枝条刻伤并压入土中，待根系生长后即断根分株。

五色梅常见病害为灰霉病，可用速克灵、灰霉灭等喷洒防治。常见虫害为叶枯线虫病，可用涕灭威颗粒剂每平方米盆土5～6 g或使用3%的呋喃丹，每盆3～5 g埋入土中，也可在危害期用杀螟松乳剂和西维因可湿性粉叶面喷洒。

71.三色堇

三色堇，又名人面花、猫脸花、阳蝶花、蝴蝶花、鬼脸花等，为堇菜科堇菜属，原产地冰岛。目前三色堇花的色彩、品种比较繁多。除一花三色者外，还有纯白、纯黄、纯紫、紫黑等。另外，还有黄紫、白黑相配及紫、红、蓝、黄、白多彩的混合色等，花期4～7月。

三色堇较耐寒，喜凉爽，在昼温15～25℃、夜温3～5℃的条件下发育良好。昼温若连续在30℃以上，则花芽消失，或不形成花瓣。日照长短比光照强度对开花的影响大，日照不良，开花不佳。喜肥沃、排水良好、富含有机质的中性壤土或黏壤土，常用播种法繁殖。要养护好三色堇应注意以下几点：

一是肥水管理。一般每15天追施1次腐熟稀薄肥水，土壤水分含量应保持湿润，但切忌积水。

二是摘心处理。在生长期，要及时摘除残枝、残花，对徒长枝通过摘心，促发新枝，使植株圆满、冠形好，还可延长花期。

三是病害防治。危害三色堇茎、叶、花、根的主要病害有炭疽病、锈病、灰霉病、根腐病等。防治方法是：加强肥水管理，使植株健壮，提高自身的抗病力；及时清除病叶、茎、花或病重的植株，减少病源，一旦发病，可喷洒多菌灵或百菌清，这两种药剂交替使用，可提高药效，并根据病情，每隔一段时间继续防治。

72. 半支莲

半支莲，又名大花马齿苋、太阳花，为马齿苋科马齿苋属，原产地南美巴西。呈半直立状，高约20cm，柱形互生，花生枝顶，着花繁，花色艳，有大红、白、黄、淡黄、玫瑰红、雪青等色，花期5～10月。

半支莲喜温暖，喜阳光充足，日出后花朵开放，日将落花朵收闭，阴天则开得少。对土壤要求不严，耐干旱瘠薄，忌积水。平时保持一定湿度，半个月施一次0.1%的磷酸二氢钾，就能达到花大色艳、花开不断的目的。

半支莲繁殖多用播种和扦插。播种通常在4月，约1周出苗，小苗初期生长较慢，进入6月生长加快，一般播后2个多月就能开花。扦插在生长季都可进行，随时摘取嫩茎，扦插在露地或盆中，不需要多长时间就可开花，即使萎蔫的嫩茎也易成活。这种方法简便，适于家庭养护繁殖。

半支莲栽培管理简单，移植也易成活。整个生长期间要求不干不渍，适当施肥，若能保证阳光充足，就能开花繁茂。

半支莲在生长过程中，几乎无病害发生，花期易发生蚜虫和菜黑虫危害，可用一遍净、氧化乐果乳油喷雾防治。

73.荷包花

荷包花，又名蒲包花、拖鞋花，为玄参科蒲包花属，原产地南美。其叶卵形或椭圆形，有皱纹；其花形奇特，花瓣形成两个囊状物，上唇小而直立，下唇大似荷包，故得名荷包花。伞状花序，其花包色彩斑澜，有黄色、乳白、淡黄、橙红等色，同时上面还有橙红、紫红、深褐色的密集斑点。花期2～5月。

荷包花好肥喜光，喜温暖、湿润、通风良好环境，不耐寒，也畏高温。适生于疏松、肥沃、排水良好的沙质土壤中，生长适温为10～15℃，开花期适温为10℃左右。盆栽荷包花用土，可用腐叶土、园土、砻糠灰、厩肥以2∶2∶1∶1混合配制。生长期忌土壤过湿，平时浇水不宜过多，待土壤发白时才浇水，并注意不使水聚集在叶面及芽上，以免烂叶烂心，花期不能把水浇到花朵上，否则不易结果实。盆周围要常喷水，增加周围环境湿度。幼苗期注意通风，温度保持12～15℃为宜。开花前每10天施1次腐熟饼肥水。开花期温度不要高，维持5～7℃即可。

繁殖多用播种法。可于8～9月在室内进行，种子播后覆以一层过筛的细沙，稍许盖住种子，不可太厚。然后将盆底浸水润湿盆土，盆面盖上玻璃或套上透明塑料袋，放阴凉处，约半个月可出苗。待长出3～4片真叶时进行移栽。幼苗长出7～8片叶时可以上盆。

荷包花在幼苗期易发生猝倒病，应进行土壤消毒，拔出病株。空气过于干燥，温度过高时，易发生红蜘蛛、蚜虫等，可用一遍净、虫螨克等喷杀，或增加空气湿度、降低气温来预防。

74.香彩雀

香彩雀，又名玉蓉花、小天使，为玄参科香彩雀属，原产地南美。花有紫，粉，白等色，花期为6～10月。

香彩雀性喜温暖，喜光，耐高温，对空气湿度适应性强。生长期适温为16～25℃，栽培环境要选择排水良好、日照充足的场所，若光线不够，容易导致植株徒长。生长期每半个月施肥1次，花后及时打顶，并增施肥料，能继续开花不断。

常用的繁殖方法为播种和扦插。长江以南地区可秋播，以9～10月为好。播种土壤用泥炭土或腐叶土、培养土和细沙的混合土壤，通过高温消毒后，装入花盆。香彩雀种子极小，播后不覆盖，将种子轻压一下即可，发芽适温为21℃，浇水后盖上塑料薄膜，放半阴处，约7天可发芽，切忌阳光暴晒。发芽后幼苗生长温度为10℃，出苗后6周可移栽。扦插全季节均可进行，在摘心打顶的时候可插入盆内，浇水并适当遮阴，1周后可扎根。

香彩雀幼苗期易发生立枯病，可用代森锰锌可湿性粉剂喷洒。生长期有叶枯病和炭疽病危害，可用退菌特可湿性粉剂喷洒。虫害有蚜虫和夜蛾危害，用氧化乐果乳油喷杀。

75.百日草

百日草，又名百日菊、步登高、步步高、火球花、秋罗等，为菊科百日草属，原产地墨西哥。花色有红、粉红、黄、紫、浅绿等，花期6～10月。

百日草耐干旱，喜光照又较耐阴，也可在阳台盆栽，以南向阳台最佳。夏季高温炎热生长缓慢，开花减少，秋季又生长开花。栽培百日草要注意以下几点：

⑴ 配制培养土。可用腐叶土、细沙、园土等量混配，达到疏松通气、肥沃的要求。

⑵ 育好苗。以播种繁殖为主，多在3～4月播种，采取盆播或箱播育苗。夏季亦可扦插繁殖。幼苗在4～5片真叶、12 cm左右高时即可上盆栽植。

⑶ 加强管理。上盆定植后，浇1次透水，以后保持盆土微潮偏干的环境。浇水过多，容易徒长，影响根系生长，开花不良。生长旺盛期，每隔10天左右，施1次磷、钾为主的肥料，抑制氮肥，防止徒长荫蔽，促进植株健壮，开花繁茂。在苗高12 cm进行摘心，促进分枝，分枝反复摘心，促进植株紧凑、矮化、健壮，增加营养积累，增加花芽分化，提高花质。

⑷ 病虫害防治。病害主要是白星病、黑斑病等。防治方法：一是加强管理，施足肥料，培育壮苗，适时浇水，加强通风，降低湿度。及时清除病残体。二是药剂防治，发病初期，及时摘除病叶，然后立即喷药防治，可用波尔多液、代森锰锌可湿性粉剂、百菌清可湿性粉剂、代森铵等。

76. 万寿菊

万寿菊，又名臭芙蓉、万寿灯等，为菊科万寿菊属，原产地墨西哥。花有黄、橙等色，花期5～10月。

万寿菊性喜温暖、湿润、阳光充足和富含腐殖质、肥厚、排水良好的沙质壤土环境，适应性强，较耐旱，也耐凉爽和半阴，能自播繁殖，生长期适宜温度为20℃左右。要养护好万寿菊应注意以下几点：

⑴ 盆栽万寿菊必须放置在光照条件下进行养护管理，否则，植株会衰弱或茎叶细嫩徒长，花少且小。

⑵ 浇水不得使土壤过干或过湿，只需保持土壤湿润即可。因万寿菊花期较长，需要追施肥料供给养分，但不能多施肥，必须控施氮肥，否则枝叶会旺长不开花。一般每月施1次腐熟稀薄有机液肥或氮、磷、钾复合液肥。

⑶ 幼苗上盆成活后，要及时摘心，促进分枝，多开花，为使花朵大，对徒长枝、枯枝、弱枝及花后枝，应及时疏剪或强摘心，对过密枝通过疏剪，改善光照，保留壮枝，但不能摘心，使顶部的花蕾发育充实。

⑷ 虫害防治，在干燥气温高的天气，易发生红蜘蛛危害叶片，可用乐果、虫螨克防治。

77. 孔雀草

孔雀草，又名黄菊花、五瓣莲、老来红、臭菊花、孔雀菊、小万寿菊、红黄草、缎子花等，为菊科孔雀草属，原产地墨西哥。花有红褐、黄褐、淡黄、杂紫红色斑点等色，花期5～11月。

孔雀草性喜阳光，但在半阴处栽植也能开花。它对土壤要求不严。既耐移栽，又生长迅速，栽培管理较为容易。但室内盆栽还应注意以下几点：

一是光照调节，孔雀草为阳性植物，生长、开花均要求阳光充足，光照充足还有利于防止植株徒长；高温季节需要避免直射阳光，正午前后要遮阴降温。二是温度控制，只要在5℃以上就不会受冻害，10～30℃间均可良好生长。三是浇水，关键是采用排水良好的基质，保持基质的湿润虽然重要，但每次浇水前适当的干燥是必要的，不能使基质过干，否则会导致植株枯萎。

常见的繁殖方法为播种和扦插。播种11月到翌年3月期间均可进行，可直接播种在花盆，冬春播种后2个月开花。扦插可于9～10月间剪取长约10 cm的嫩枝直接插于花盆，遮阴覆盖，生长迅速。

常见的病害有褐斑病、白粉病等，应及时清除病株、病叶，烧毁残枝，喷洒锈粉宁、百菌清或多菌灵等杀菌药防治。虫害主要是红蜘蛛，可加强栽培管理，在虫害发生初期可喷洒三氯杀螨醇乳油进行防治。

78. 勋章菊

勋章菊，又名勋章花，为菊科勋章菊属，原产地南非。其形奇特、花色丰富，花期6～7月。

勋章菊喜温暖、湿润和阳光充足环境。不耐寒，耐高温，怕积水。生长适温为15～20℃，冬季温度不低于5℃，但短时间能耐0℃低温，如时间长易发生冻害。

盆栽勋章菊以肥沃、疏松和排水良好的沙质壤土为佳。生长和开花期需充足阳光。盆土保持干燥，每次待盆土干燥后再进行浇水。浇水宜上午进行，以利于叶面在夜间保持干燥，水分过多会产生徒长，过干会提早开花，且在强光下易灼伤叶面。

繁殖常用播种或分株法。播种可于4月春播或9月秋播，发芽适温16～18℃，播后10～14天发芽。分株繁殖，可在3～4月茎叶生长前，将越冬的母株挖出，用刀自株丛的根颈部纵向切开，但每一分株必须带芽头和根系，可直接盆栽。

常见病害有叶斑病，可用多菌灵可湿性粉剂喷洒防治。虫害有红蜘蛛和蚜虫，可用一遍净、虫螨克、氧化乐果乳油喷杀。

79．菊花

菊花，又名菊华、秋菊、九月菊、日精、九华、黄花、帝女花等，为菊科菊属，原产地中国。菊花花形最多，花色最为丰富多彩，比较适宜装点居室。部分品种有药用、茶用、酿用、食用的功能。花期9～11月。

菊花适应性强，喜阳，喜凉。稍耐阴，较耐寒，最忌积涝，要求通风良好，土壤以疏松、肥沃、排水良好的沙质土为宜。

菊花种类品种繁多，通常根据不同的分类方法，把它们分为下面几类：

依花径大小分类：花朵直径在18 cm以上，称为大菊；花径在6～18 cm之间的称中菊；花径在6 cm以下的称小菊，属满天星型。

依开花季节分类：分为夏菊、秋菊和寒菊。

依花型分类：菊花的头状花序，因其舌状花的排列形式不同，构成不同的花型，主要有单瓣型、卷散型、舞环型、球型、莲座型、龙爪型、托桂型、垂珠型、垂丝型、毛刺型等。

依商业应用分类：分为多头菊、标本菊、立菊、悬崖菊、高接菊、扎菊、花坛菊等。

依光周期反应分类：用以周年开花的短日性杂交菊，其自然花期在秋季。在北半球，依开花早晚，把品种分成早、中、晚三个类型。按反应类群则分成6～15周品种，即指从开始短日照处理，到开花所需周数。

依花色分类：根据菊花的色泽进行分类，分为白菊、黄菊、红菊、橙菊、青色菊、褐色菊、紫菊、绿菊。

依菊花舌状花的瓣形分类：分为平瓣、宽瓣、爪瓣、筒瓣、针瓣、丝瓣、钩瓣、扭瓣等。

菊花虽然品种繁多，但培育技术大致相同，只要掌握好以下关键技术，就能养好菊花。

⑴ 及时换盆。菊花在整个生长过程中一般需要换盆2～3次，幼苗期一般移栽在口径约12 cm的小盆养护，壮苗期换入口径约15 cm的盆，花芽分化前再换入口径约20 cm的大盆中。

⑵ 适当浇水。浇水以保持盆土的湿润为度。如水量过大，茎条会徒长，不仅影响花株形态，开花后也容易倒伏。平时浇水尽量不浇叶面。生长后期含蕾待放时，需水量较多，开花后水量宜减少。

⑶ 适期控肥。菊花喜肥，基肥应多施磷钾肥，追肥不可过多或过早，立秋以后从孕蕾开始到现蕾为止，肥水要充足。

⑷ 及时摘心。菊苗定植后留4～5片叶摘心，待其侧枝长出4～5片叶，每个侧枝再留2～3片叶进行第2次摘心。

⑸ 抹芽疏芽。菊花壮苗期萌发许多腋芽，需及时用手指捏掉，孕蕾期有时在顶蕾下小枝上出现的旁蕾，也应及早用镊子去掉。在开花前70天左右最后一次摘心定型。

⑹ 菊花主要用扦插法进行繁殖。

⑺ 防病虫害。发现蚜虫、红蜘蛛等害虫要及时用一遍净、乐果等防治；病害要趁早防治，可经常喷洒波尔多液、百菌清等药液。

80．瓜叶菊

瓜叶菊，又名千日莲、瓜叶莲、千里光等，为菊科瓜叶菊属，原产西班牙加那利群岛。其品种繁多，花色艳丽，色彩丰富多样，尤其是具备不常见的蓝、紫、复色等颜色，观赏效果极佳。它的花期较长，可以从深秋开到来年的三四月份，寒冬腊月雪花纷飞之时，也正是它的盛花期。因此也被用作装饰元旦、春节等节日环境的主要花卉。

瓜叶菊喜欢温暖、湿润、通风凉爽的气候条件，不耐寒冷和高温。养护瓜叶菊应注意以下几点：

一是通风透光。在室内养护中，应放置在窗口或南阳台，但又因瓜叶菊有明显趋旋光性，每7天左右还需转盆，即将背阴面转向阳面，这样才能使株型匀称完整美观。

二是在生长期。每10天浇施1次稀薄液肥。在施肥中，适当增施磷肥，每次施肥要防止肥水污染叶片。当花蕾出现后就应停止施肥。

三是浇水以保持叶片不耷拉为合适。如果看到叶片有凋萎的现象就表明需要浇水，一次浇水量不要太多，盆土以“见干见湿”为原则。气候干燥时还可以向叶面喷水，以增加空气湿度，否则干燥的环境会使瓜叶菊大而薄的叶片很容易发生焦边、干枯。进入花期后，就要适当地控制浇水。

四是病虫害防治。主要有白粉病、黄萎病和蚜虫等。这些病害大多是因为通风不畅或空气湿度太大引起的，所以平时通风尤为重要。一旦发生病虫害，要及时喷药防治，情况严重时要连根拔掉。

81．非洲菊

非洲菊，又名扶郎花、大丁草，为菊科大丁草属，原产地南非洲及亚热带地区。其花朵清秀挺拔，通常四季有花，色彩丰富，给人以温馨、热情之感，是室内观赏的佳品。

非洲菊喜冬暖夏凉、阳光充足、空气流通的环境。生长期适温20～25℃，冬季休眠期适温12～15℃，低于10℃，则停止生长，属半耐寒性花卉，可短期忍受0℃的低温。对日照长短无明显反应，强光下，花朵发育最好。喜肥沃疏松的沙壤土，忌黏重土，宜微酸性土壤。

栽培管理应把握以下几点：

⑴ 非洲菊的繁殖可播种、可分株。非洲菊种子寿命较短，只有数月时间，故种子成熟后应立即进行播种。播种时种子尖端朝下，待子叶完全展开后即可分苗，抽生2～3片真叶后移入花盆中，最好每盆栽2株，以增加开花数。幼苗期间保持土壤温润，但忌淋雨。分株繁殖一般在4～5月进行，将老株掘起切分，每个新株带4～5片叶，另行栽植，栽时不可过深，以根颈部略露出土面为宜，防止根颈腐烂。

⑵ 定植后须浇“定植水”，然后根据定植后的天气情况进行保温或降温，控制在20～25℃使其迅速恢复生长。植株缓苗后，视盆土情况以“见干见湿，浇则浇透”为原则。注意浇水时勿往叶丛生长点

处浇，否则，易引起腐烂和发生病害。

⑶ 根据非洲菊喜肥的特点在上盆或倒盆时可适量施入腐熟的有机肥作为底肥。幼苗期可偏施氮肥，促其发棵，后期偏施磷钾肥促使开花，一定要做到花前追肥，促进花大色艳，花后补肥，利于植株生长健壮。

⑷ 应及时清除基部枯黄衰老叶，以促使新叶和新花芽的萌生，又利于通风透光，避免下部幼花蕾因得不到阳光和激素而成“隐蕾”。此外，对于过多的花蕾或畸形花蕾也要及时摘除，保证所留花枝有足够的营养。

⑸ 常发生枯萎病、叶斑病和白粉病，可用代森锰锌可湿性粉剂喷洒；虫害有红蜘蛛、蚜虫和白粉虱，主要危害叶片和花茎，可用氧化乐果乳油喷杀防治。

82. 大丽花

大丽花，又名大丽菊、天竺牡丹、大理花、西番莲和洋菊等，为菊科大丽花属，原产地墨西哥。春夏间陆续开花，越夏后再度开花，霜降时凋谢。它的花形与牡丹相似，色彩瑰丽多彩，惹人喜爱。

盆栽大丽花宜选用矮生品种，一般都采用扦插苗。为使花期前后排开，扦插时间可在4～5月，分批进行。随着植株的生长，需换盆3～4次，定植用土，以园土、细沙、堆肥土5:3:2的比例混合配制的培养土为宜。

在生长过程中，约每15天浇一次稀薄液肥。现蕾后改为每周一次，并喷施1～2次0.1%磷酸二氢钾，以促进花色艳丽。浇水应做到不干不浇，浇就浇透。苗期和雨季要注意控制浇水量。

盆栽整形一般多采用独本和四本整形。培育独本大丽花，自基部开始，将所有腋芽全部摘除，随长随摘，只留顶芽一朵花。培养四本大丽花，苗高约10 cm时留2节摘心，使之形成四个侧枝，每个侧枝留顶芽，将其余腋芽全部抹掉，即可开出四朵花。在花蕾发育过程中，每枝选留一个最佳的花蕾，其余的去掉，这样养分集中，花开的又大又美。

大丽花可用分株、扦插、播种等方式繁殖。分株繁殖，在3～4月进行，于发芽前将贮藏块根进行分割，分割时要注意带根颈部老茎上的发芽点，不带发芽点的块根不能形成新植株。扦插繁殖，从早春至夏秋均

可进行，以3～4月在室内扦插成活率最高，将块根栽在腐叶土中，顶芽露出土面，室温在15～22℃，待顶芽长至8～9 cm时，留基部1对叶，剪取插穗，转插于沙床中，15～20天可生根，30天后盆栽，当年可开花。播种繁殖，常采用室内盆播，发芽适温为20～22℃，播后10～14天发芽。

大丽花易发生的病有白粉病、花腐病，可用代森铵或甲基托布津进行喷雾防治；常见虫害为螟蛾，一般应在6～9月，每20天左右喷1次敌百虫，可杀灭初孵幼虫。

83．小丽花

小丽花，又名矮型多头大丽花、花坛大丽花、小轮大丽花、小丽菊、西番莲、小理花等，为菊科大丽花属，原产地墨西哥。花期自6月至霜降。

小丽花性喜阳光，适宜温和气候，生长适温10～25℃，既怕炎热，又不耐寒，温度0℃时块根受冻；既不耐干旱，更怕水涝，忌重黏土，受渍后块根腐烂，要求疏松肥沃而又排水畅通的沙质壤土。

盆栽小丽花应选矮生品种，盆土以园土、细沙或炉渣、堆厩肥5∶3∶2配制而成，盆底应加碎瓦片作排水层。每天应保证6～10小时光照，若长期荫蔽，光照不足，则生长不良，花少、易生病。要保持盆土干湿均匀，开花期，夏季浇水应多一些，春、秋应少一些，入秋收球前，少浇或不浇水。要勤施薄肥，除施足基肥外，生长期除盛夏外，每10～15天施10%饼肥水，现蕾后施0.1%～0.3%磷酸二氢钾，促进花色艳丽。

要整枝修剪，培养独本小丽花时，要去掉侧芽，留下主枝，从基部开始将所有腋芽全部摘除，随长随摘，只留顶芽一朵花。培养四本小丽花时，当苗高10～15 cm时，基部留2节摘心，使之形成4个侧枝，每个侧枝只留一个顶芽，可开出4朵花。

繁殖主要采用分株法进行，先将母株从花盆内取出，用利刀把它剖成两株或两株以上，每株都要带有相当的根系，并对其叶片进行适当地修剪，然后将小株在百菌清1 500倍液中浸泡5分钟后取出晾干，即可上盆。

常见病虫害有白粉病，可用粉锈宁乳油或阿米西达喷洒防治；褐斑病，可用波尔多液或百菌清防治；螟蛾可喷杀螟松防治。

84. 石竹

石竹，又名中国石竹、石柱花、十样景花、洛阳花、石菊、绣竹、常夏、日暮草、瞿麦草等，为石竹科石竹属，原产地中国。花有紫红、大红、粉红、纯白、红、杂色等色，微具香气，花期4～10月。

室内养石竹可以净化空气，吸收二氧化硫和氯气等有害气体。

盆栽石竹要求施足基肥，每盆种2～3株。苗长至15 cm高摘除顶芽，促其分枝，以后注意适当摘除腋芽，不然分枝多，会使养分分散而开花小，适当摘除腋芽使养分集中，可促使花大而色艳。生长期间宜放置在向阳、通风良好处养护，保持盆土湿润，每隔10天左右施一次腐熟的稀薄液肥。冬季宜少浇水，如温度保持在5～8℃条件下，则冬、春开花不断。

石竹主要用播种、扦插等方法繁殖。除一年中最冷和最热的季节外均可进行播种。一般7天可以出苗。出苗后要通风，接触阳光，控制浇水，防止虚弱徒长。扦插多于10月至翌春3月进行，剪取老熟枝条，截成6 cm左右长插穗，插于沙床，插后即浇水遮光，长根后定植。

石竹的病害主要有立枯病，可加强通风，控制空气湿度来防治，也可用代森铵喷雾防治；叶斑病，可用百菌清、多菌灵或代森铵喷洒防治；锈病，可喷洒波尔多或粉锈宁防治；主要虫害有红蜘蛛，可用水反复冲洗叶片来除虫，也可用三氯杀螨醇乳油喷杀；白粉虱，可用氯氰菊酯、一遍净喷杀。

85. 紫叶酢浆草

紫叶酢浆草，又名三角叶酢浆草、紫酢草、三角紫叶酢浆草、浅紫花酢浆草等，为酢浆草科酢浆草属，原产地非洲南部。叶色淡红色或淡紫色，花粉白色，花期4～11月。

紫叶酢浆草性喜温暖湿润和半阴的环境。较耐低温，但畏严寒；较耐阴，忌烈日暴晒；较耐干旱，但畏积水；喜肥沃，不耐瘠薄。盆栽以疏松肥沃、排水良好的沙壤土为宜。生长季节，应每月浇施一次稀薄的有机肥。

紫叶酢浆草生长适温15～30℃，夏季气温超过36℃以上时，叶片易卷曲枯黄。为此，在炎热的夏季，要经常性的叶面喷水。冬季若室温低于5℃，则其叶片易受寒害。

盆栽紫叶酢浆草，夏季可置于室内的东向或北向窗前，叶片向光性较强，要时常调放植株摆放的位置，使盆栽植株受光均匀、生长匀称。因其叶柄较长，置于阳台上，要避开风口，以免损伤叶片，影响其正常生长。

繁殖常用分株法，多在生长季节进行，但要避开夏季高温时，以春季最为理想。方法是将地下的鳞茎挖出后，分成数丛，另行栽种即可。

病害易发生叶斑病，可交替用甲基托布津可湿性粉剂、多菌灵可湿性粉剂、百菌清可湿性粉剂防治，每隔7～10天用药1次，连续2～3次。虫害主要有红蜘蛛，可于发生初期，用虫螨克可湿性溶剂喷洒防治；蜗牛，可用呋喃丹撒施于盆土表面及其附近进行防治。

86. 一串红

一串红，又名墙下红、爆仗红，为唇形科鼠尾草属，原产地巴西。花红色，花期7～10月。

一串红性喜温暖湿润，不耐寒，怕霜冻，需有充足的光照，适应性强，但不耐干旱。土壤应疏松、肥沃、排水良好。适宜温度为20～25℃，15℃以下则生长不良，温度超过30℃，植株生长发育受阻，花、叶变小。因此，夏季高温期，需降温或适当遮阴，来控制一串红的正常生长。在生长期需要充足的阳光，若光照不足，植株易徒长，茎叶细长。盆栽土应施基肥，定植后要立即进行摘心，只留2～3片叶，摘心要进行2～3次，以促分枝，使植株矮壮、开花多。每月应追肥2次，以使花叶繁茂、花期延长。

繁殖常用播种法或扦插法。播种在3～5月进行。扦插在4～6月进行。幼苗长2～3片叶时即可移栽。

一串紫

一串红易受到银纹夜蛾幼虫和白粉虱的危害。银纹夜蛾的幼虫从4月下旬至10月均可发生。幼虫量少时，可进行人工捕杀，多时可用菊酯类杀虫剂或乐果喷杀。白粉虱较小，群聚在叶背刺吸叶片汁液，使叶片变黄甚至脱落，可用菊酯类杀虫剂或氧化乐果喷杀，对叶背面喷药时一定要均匀。

87. 百里香

百里香，又名银斑百里香、麝香草，为唇形科百里香属，原产地法国、西班牙及地中海国和埃及。花呈白色、紫色或粉色，花期6～8月。百里香的花和叶可做香料。

百里香适合生长的温度在20～25℃，若是在夏季时植株的表现通常是虚弱的，只有在冷凉的地区栽培，或是放在荫凉的地方越夏，进入秋季转凉之后，再改放在日照充足的地方，比较适合百里香的生长及发育。

百里香由于叶厚带肉质之特性，使得它不耐潮湿，栽培基质适宜排水良好的沙质壤土。浇水的时候宁可稍干一些再浇水，也不要一直是潮湿的状态，否则根部无法强壮伸展发挥功能。植株长大后，剪取枝条利用，新芽开始生长时，酌情每1～2周浇灌1 000倍液肥，夏季生长衰弱，此时施肥易导致植株败根死亡。

百里香的繁殖有播种、扦插、压条及分株法，播种期在秋季至春季之间，将干净的基质充分浇湿之后，以撒播为宜，播种后放在阴凉的地方，发芽前基质须充分的湿度，发芽后长出2～3对本叶时，宜先移植穴盘，充分发育后再换至12 cm盆定植。扦插极易发根，很容易繁殖，切取3～5节约5 cm长带顶芽的枝条扦插。不带顶芽的枝条扦插虽可成活，但发根速度慢，根群也较少，此外，也不要剪取已木质化的枝条扦插，发根率也不好。

百里香为香草类植物，含有的强烈味道，让害虫不敢接近，所以很少有病虫害。

88．薰衣草

薰衣草，又名灵香草、香草、黄香草等，为唇形科薰衣草属，原产地地中海沿岸、欧洲各地及大洋洲列岛。花有蓝、深紫、粉红、白等色，花期6～8月。用干花穗粒制作的香薰工艺品放在卧室、衣柜、客厅，能有效去除空气中刺鼻辣眼的毒气味，取代对人体有害的樟脑丸，让人置身于花草植物的幽幽芳香之中，回归自然的芳香气息；给衣物薰香又能起防虫、防蛀的良好效果。

薰衣草喜阳光、耐热、耐旱、极耐寒、耐瘠薄、抗盐碱，栽培的场所需日照充足，通风良好。适宜于微碱性或中性的沙质土。

养好薰衣草应注意以下几点：一是浇水。在一次浇透水后，应待土壤干燥时再给水。浇水要在早上，避开阳光，水不要溅在叶子及花上，否则易腐烂且滋生病虫害。二是光照。给予全日照的环境较佳，半日照亦可生长，唯开花较稀少。三是温度。生长适温为15～25℃，在5～30℃均可生长。限制温度为35℃以上，生长期高于38～40℃顶部茎叶枯黄。长期在0℃以下即开始休眠，休眠时成苗可耐－25～－20℃的低温。四是施肥。可将骨粉放在盆土内当做基肥，成株后再施用含磷较高的肥料。

薰衣草的繁殖主要采用扦插法和播种法。扦插一般在春、秋季进行。选择发育健壮的良种植株，选取节距短粗壮且未抽穗的一年生半木质化枝条顶芽，于顶端8～10 cm处截取插穗，2～3周就会发根。播种期一般在春季，种子因有较长的休眠期，播种前应浸种12小时，播种后盖上一层细土，厚度为0.2 cm，盖上塑料薄膜保湿，保持15～25℃，要求苗床湿润，15～20天即出苗。待苗高10 cm左右时可移栽。

薰衣草几乎没有病虫害，不用喷洒农药。

89. 金脉单药花

金脉单药花，又名金脉药爵床、金脉丹尼亚单药花，为爵床科单药花属，原产地热带美洲的墨西哥至巴西的广大地区。花黄色，花期7～9月。

金脉单药花喜温暖潮湿的气候，喜光照，忌直射阳光。炎夏宜放在半阴处。生长适温为20～25℃，越冬温度须在10℃以上。

栽植土壤可用园土和腐叶土等量混合，加少许河沙，以利于排水。生长期要充分浇水，防止土壤干裂。夏季叶面多喷水，冬季稍干燥，并多见阳光。以散射光为好，夏季盆放半阴处，过度日照，易使叶片焦枯。生长期间经常保持土壤湿润，每月施氮磷钾含量为1∶1∶1的复合颗粒肥一次，在盆边施用，勿使肥料接触茎叶。要定期修剪或摘心，压低株高，促使多分枝、开花。

繁殖以扦插为主，可剪取顶芽或枝条，以5～6月或开花后最好，扦插后一个月可发根，待新叶长出后即可移植。

金脉单药花易受介壳虫、红蜘蛛危害，可用氧化乐果乳油、金霸螨等药剂喷杀。

90．虾衣花

虾衣花，又名虾夷花、虾衣草、狐尾木、麒麟吐珠等，为爵床科麒麟吐珠属，原产地墨西哥。苞片多、重叠，形似虾衣，呈砖红至暗红或黄绿色，花白色，常年开花不断。

虾衣花喜温和湿润气候与通风良好的环境条件。夏秋生长期适温25℃左右，冬春10～23℃，相对湿度70%左右。

盆栽要求疏松肥沃、腐殖质含量高的沙质培养土。春季结合短剪翻盆换土一次，可用素沙土、腐叶土、草炭土及少量腐熟的农家肥配制，混匀上盆。高温时节适度遮阴、降温。经常保持盆土湿润，全年追肥4～5次。冬季室内常因温度忽高忽低，空气干燥，致使植株大量落叶，注意禁肥控水，保持盆土微潮，翌年春季进行强修剪，保存宿茎，可重新萌发新枝。

繁殖常用扦插法。以春秋季节最为适合，一般在6月盛花期后，结合整形修剪，选取当年生健壮枝条作插穗，每段3节，将基部一节叶片去掉，插入素沙、蛭石等松散的基质中。插后罩膜，保温保湿，疏阴，保持20～25℃，约2周后即可生根，及时分栽，翌年即可开花。

虾衣花生长期间易遭介壳虫、红蜘蛛危害，可用氧化乐果乳油、三氯杀螨醇喷洒防治。

91.大岩桐

大岩桐，又名落雪泥，为苦苣苔科大岩桐属，原产地巴西热带草原。大岩桐的植株小巧玲珑，叶茂翠绿，花朵姹紫嫣红，每年春秋两次开花。

栽培需注意以下几点：

⑴ 要控制温度。其生长适温在不同季节有不同要求，在1～10月为18℃；10月到翌年1月为10～12℃；冬季休眠后的温度不低于8℃。

⑵ 在生长期间要避免强烈的阳光直晒，夏季必须放在通风、有散射光的地方精心养护。

⑶ 在夏季高温阶段，要经常注意喷水，以增加周围环境的湿度，并根据盆土的干湿，每天浇1～2次水，开花期间必须避免雨淋，冬季的盆土要干燥一点。

⑷ 从展叶到开花前，每2周施1次稀薄的饼肥水，花芽形成后需要增施1次过磷酸钙，施肥时切不可玷污叶面。

繁殖常用播种法和扦插法。播种以10～12月为最佳，播后不需覆土。扦插法，可采用芽插和叶插，取4 cm左右的芽扦插，保持温度在21～25℃，并维持较高的空气湿度和半阴条件，3周后生根；叶插一般在5～6月及8～9月进行最好，选取长势良好的叶片，带叶柄剪下，插入沙床中，保持高温高湿适当遮阴，10天后即可生根。

大岩桐常见病害为叶枯性线虫病，可用氯化苦、二溴氯丙烷对培养土消毒或用60℃的温水浸泡块根5分钟来杀菌消毒；虫害尺镬，少量可以捕捉清除，量大时可用辛硫磷喷杀。

92. 口红花

口红花，又名花蔓草、大红芒毛苣苔，为苦苣苔科芒毛苣苔属，原产地爪哇、马来半岛、加里曼丹岛。花冠筒状，鲜红色，花期12月至翌年的2月。口红花株形优美，茎叶繁茂，花色艳丽，可摆放于几案，也可悬垂观赏，是家庭养花之时尚佳品。

口红花性喜温暖而明亮光照的半阴环境。光照不足，容易造成枝条徒长且不易开花；光照过强，叶片会变成红褐色。盆栽口红花，最适宜吊挂在距南窗1 m左右的地方。

盆栽用土以微酸性为好，可用泥炭土、沙和蛭石配制，并加入适量过磷酸钙。口红花在平时需肥量较少，每隔两周施些腐熟的液肥，宁稀勿浓；在生长旺盛期，可15～20天施一次腐熟的有机肥液，过夏以后多施磷钾肥，如磷酸二氢钾溶液，可促进秋花的开放。要保持盆土湿润，不宜过湿，尤其是通气不良时，根系容易腐烂或引起落叶，经常向叶片上喷水雾，保持空气湿度80%左右。忌风吹枝蔓，以免下垂的茎被花盆盆沿磨断。秋季天气逐渐冷凉，要逐渐减少浇水量和施肥量。冬季盆土宜稍干燥，除在孕蕾开花前适当施些含磷稍多的肥液以外，一般情况下应少施肥或不施肥。

繁殖常用扦插法，在20～30℃的条件下全年均可进行。春季扦插繁殖易活。剪取枝顶部10～15 cm长的枝条作插穗，插在洁净的河沙或蛭石中，保持土壤、空气湿润，避免烈日暴晒，保持一般室温，约1个月可发根。发根后去袋，保持盆土微湿，1～2周即可移植。

口红花的病虫害较少，但在天气湿热的环境下，口红花易患炭疽病，初发病时，可用多菌灵或代森锰锌喷洒防治。

93. 紫罗兰

紫罗兰，又名草桂花、四桃克等，为十字花科紫罗兰属，原产地欧洲地中海沿岸。花有紫红、淡红、淡黄、白等颜色，花期3～5月。

紫罗兰喜冷凉气候，冬季能耐-5℃低温，忌燥热；要求肥沃湿润及深厚之壤土；喜阳光充足，但也稍耐半阴。除一年生品种外，均需低温处理以通过春化阶段而开花。

盆栽紫罗兰应选择富含腐殖质的沙质壤土作栽培基质。在生长前期应控水蹲苗，保持土壤处于微潮偏干状态，一般3～4天浇一次水。气温越低，浇水越少。环境温度升高后，加大浇水量，否则植株长得较矮，花质也受影响。栽植时应施足基肥，生长前期视植株长势适当施肥。施肥一次不要太多，要薄肥勤施，否则易造成植株徒长，当植株孕蕾后，追施0.1%～0.2%磷酸二氢钾溶液，每周一次。

繁殖常用播种法，也可扦插。通常栽培多为二年生品种。可于10月播种，播种后，在15～22℃条件下，7～10天发芽。播种时要将盆土浇足水，播后不宜直接浇水，若土壤变干发白，可用喷壶喷洒或采用“浸盆法”来保持土壤湿润。苗盘放在遮阴处，并盖上遮阴物，待出苗后应逐渐撤去遮阴物，使其见光。注意秋播的时间不能太晚，否则将影响植株的生长、越冬、开花的数量及质量。

紫罗兰的主要病虫害有：叶斑病，选用波尔多液或多菌灵可湿性粉剂或甲基托布津或代森锰锌喷洒；猝倒病，发病初期可用代森铵水溶液或甲基托布津可湿性粉剂浇灌；腐烂病，适当控制水分，透光通风即可；蚜虫，可喷施乐果或氧化乐果或杀灭菊酯等。

94. 长寿花

长寿花，又名生伽蓝菜、寿星花，为景天科伽蓝菜属，原产地非洲马达加斯加。自然花期从12月开始，可持续到来年4月，花期正逢圣诞、元旦和春节，布置窗台、书桌、案头，十分相宜。

长寿花喜冬暖夏凉的环境，畏酷暑和严寒。虽能耐半阴，但在温和的阳光下，生长最好，若温度低于10℃其生长停顿。培养长寿花的环境，应是光线充足，适温在20～25℃的南窗口附近。若温度低于15℃，则会生长过缓，开花过迟过少。

盆栽后，在稍湿润环境下生长较旺盛，节间不断生出淡红色气生根。过于干旱或温度偏低，生长减慢，叶片发红，花期推迟。盛夏要控制浇水，注意通风，若高温多湿，叶片易腐烂、脱落。生长期每半个月施肥1次，在秋季形成花芽过程中，可增施1～2次磷钾肥。为了控制植株高度，要进行1～2次摘心，促使多分枝、多开花。

常用扦插和组培方法繁殖。家庭一般可扦插繁殖，在5～6月或9～10月间进行效果最好。选择稍成熟的肉质茎，剪取5～6 cm长，插于沙床中，浇水后用薄膜盖上，室温在15～20℃，插后15～18天生根，30天能盆栽。

长寿花主要有白粉病和叶枯病危害，可喷洒代森锰锌可湿性粉剂防治。虫害有介壳虫和蚜虫，可用乐果乳油喷杀防治。

95. 八宝景天

八宝景天，又名蝎子草、华丽景天、长药景天、大叶景天、景天等，为景天科景天属，原产地中国。花淡粉红色、紫红色、玫红色等，花期8～11月。景天的叶汁可以入药，有清热解毒之功效，可以去蝎子的蛰毒，所以景天又称蝎子草。

八宝景天喜欢通风良好、比较干燥的环境，对土壤要求不严，喜强光，抗寒力强，能耐北方的早期霜冻，也较耐盐碱。

盆栽八宝景天，喜明亮的直射光，冬季室温保持在7℃以上不会脱叶。生长季节浇水不可过多，掌握见干见湿和宁干勿湿的原则。宜在盆土表层完全干燥后再浇水，忌盆内积水，否则易引发根腐烂和病害；空气湿度大的7～8月，应严格控制浇水。一般不予以追肥，但在生长期内可适当施以液肥，保持植株旺盛生长。盆栽可2～3年换盆一次。

以分株繁殖为主，在早春进行。挖掘地下茎后分割成10 cm左右的小段，直接移植到土壤中，当年就可以长大成株。夏季也可以用嫩茎扦插。结合修剪，将剪下来的枝条剪成10 cm左右的小段，每段必须有两个以上的茎节，插在素沙中，十几天后即可生根。

八宝很少有病害，常见虫害为粉蚧，可用氧化乐果乳油喷杀。

96．三七景天

三七景天，又名费菜、土三七、细叶费菜、养心草、破血丹、黄参、见血散等，为景天科景天属，原产地亚洲东部。花黄色，花期6～8月。三七景天既可作为花卉盆栽，点缀平台庭院，又是一种保健蔬菜，有很好的食疗保健作用。全草药用，有止血、止痛、散瘀消肿之功效。

盆栽用土宜用园土、粗沙和腐殖土混合配制，保证土壤的透气性。盆栽可置于光照充足处，保持叶色浓绿。生长季节浇水不可过多，宜在盆土表层完全干燥后再浇水，忌盆内积水，否则易引发根腐烂和病害；空气湿度大的雨季，应严格控制浇水。

一般不予以追肥，但在生长期内可适当施以液肥，保持植株旺盛生长。生长适温：3～9月为13～20℃，9月至翌年3月为10～15℃。在栽培过程中，还应注意通风，以防病虫害发生，每2～3年应换一次盆。

家庭一般常用扦插、分株法繁殖。扦插可在4～9月进行，剪取2～5 cm长的插穗，剪口晾干2～5天，再插入繁殖沙床中，保持荫蔽环境，生根后即可栽植。叶片较大时，也可用叶插，但也须将剪口晾干后再进行扦插。分株繁殖除冬季外其他季节均可进行，直接分离母株根际发出的蘖枝，切口稍干燥后，栽植于合适的盆中，在荫蔽处养护一段时间，便可转入正常栽培管理。

三七景天很少有病害，常见虫害为粉蚧，可用氧化乐果乳油、氯氰菊酯乳油喷杀。

97．长春花

长春花，又名五瓣梅，为夹竹桃科长春花属，原产地非洲东部。花有红、紫、粉、白、黄等多种颜色，花期特长，花势繁茂，从春到秋开花从不间断，所以有“日日春”之美名。长春花是夹竹桃科的植物，折断其茎叶而流出的白色乳汁，有剧毒，千万不可误食！

长春花喜阳光，喜肥沃和排水良好的壤土，耐瘠薄土壤，但切忌偏碱性。

栽培管理的要点：一是注意保证给予植株充分的光照，才能叶片苍翠有光泽，花色鲜艳；如长期处在荫蔽处，光照不足，会使叶片发黄。二是盆土，要用含腐殖质丰富的疏松土壤，土壤偏碱板结，渗水不良，通气性差，也会使植株生长不良，叶子发黄且不开花。三是室温保持在5℃以上，并控制浇水，盆土以偏干为好；若室温保持在15～20℃，可持续开花不断；一般栽培两年换一次盆。

长春花果熟期为9～10月，果实先后不断成熟，果壳易开裂，须及时采收。长春花繁殖多用播种。一般于4月初进行，也可于春季取老植株上的嫩枝扦插繁殖，成活后打顶，以促多分枝。

常见的病虫害有叶腐病，可喷洒代森锰锌可湿性粉剂防治；锈病，可喷洒萎锈灵可湿性粉剂防治；根疣线虫，可用二溴氯丙烷乳油喷杀防治。

98．沙漠玫瑰

沙漠玫瑰，又名天宝花，为夹竹桃科沙漠玫瑰属，原产地肯尼亚。其植株矮小，树形古朴苍劲，露出土壤的根茎肥大如酒瓶状。花朵妍丽，有红、玫红、粉红、纯白等颜色，形状酷似常见的喇叭花，极为别致。沙漠玫瑰一年内两次开花，花期分别在春秋两季。

沙漠玫瑰耐酷暑、干旱，性喜干燥、阳光充足的环境，盆栽一定要放在有合适光照的阳台、窗台上。盛夏时节适当的遮阴，否则叶片会容易失去光泽。但如果阳光过于荫蔽，叶片又容易发黄，并且影响开花。所以一定要适时调整，灵活掌握光照。

沙漠玫瑰比较耐干旱，如浇水过多，则很容易引起根部腐烂，同时枝条也徒长，修剪起来比较麻烦。夏季高温时，可根据土壤状况来浇水。一般两三天浇水1次，盆内不能积水。冬季气温降低，沙漠玫瑰也随之进入半休眠期，1周浇水1次就可以了。

沙漠玫瑰比较喜欢磷钾肥，平时1个月左右补充1次。夏季生长旺盛期则需要肥水充足，这样开出的花才能繁茂、鲜艳。另外，结合每年1次的换盆，还可以在盆内适当施加一些长效的基肥，如腐熟的豆饼、骨粉等。

要注意平时的修剪，防止任其徒长，以免失去观赏价值。花期过后是修剪的最好时节，可以根据个人喜好进行取舍。分枝多，开花就多，要想得到更多的花，就要想办法多留分枝。

繁殖主要用播种及扦插方法。播种以春季为佳，扦插以生长旺盛季节为好。

沙漠玫瑰少有病害，主要虫害是介壳虫，可用虫螨克、氧化乐果乳油喷杀。

99. 羽扇豆

羽扇豆，又名鲁冰花，为豆科羽扇豆属，原产地地中海地区。花蝶型，蓝紫色。园艺栽培的还有白、红、青等色，以及杂交大花种，色彩变化很多，花期5～6月。

羽扇豆，喜气候凉爽，阳光充足的环境，忌炎热，略耐阴，较耐寒，可忍受0℃的气温，但温度低于−4℃时冻死。主根发达，须根少，不耐移植。

盆栽羽扇豆最好选用高桶盆，以满足直根性根系的生长需求。夏季注意防止高温高湿，要放置于适当遮阴且通风良好的地方，要及时剪除残余花穗和枯老叶片，控制肥水，确保安全越夏。

常用繁殖方法为播种法，春秋播均可，但3月春播后生长期正值夏季，易受高温炎热影响，导致观赏效果差。可于9～10月中旬播种，花期翌年4～6月，育苗土宜疏松均匀、透气保水，以草炭土、珍珠岩混合使用为好，发芽适温25℃左右，保证基质湿润，7～10天种子出土发芽。

羽扇豆抗病性强，极少发生病虫害，在栽培期间，若出现叶斑病、叶枯病、白粉病危害时，可用多菌灵可湿性粉剂喷洒防治。

100. 花毛茛

花毛茛，又名芹菜花、波斯毛茛、陆莲花等，为毛茛科毛茛属，原产地土耳其、叙利亚、伊朗以及欧洲东南部等。花色极为丰富，有白、黄、橙、水红、大红、紫、褐等色，花期4～5月。

花毛茛喜凉爽和阳光充足的环境，忌炎热，较耐寒。要求富含腐殖质而排水良好的沙质或略带黏质土壤。

盆栽时，可根据盆大小栽1～2球。温暖地区可在室外越冬，但寒冷地带需在室内越冬。盆土要求保持半干状态，防止球茎腐烂。春季生长旺盛期，应经常保持湿润，但花期土壤应稍干燥，并施1～2次液肥，夏季进入休眠期，球根采收后应充分晾干置于通风干燥处，否则极易腐烂。

花毛茛以分株繁殖为主，母株挖掘后，用手顺其自然长势掰开，每个分离部分必须带有一段根颈。栽植时覆土要浅，以刚刚把根颈部埋住为准。也可种子繁殖，种子成熟采收后应立即播种，10℃左右，约20天生根。

常见病害为白绢病和灰霉病，都是由通风不良排水不利引起的，可改善通风条件，控制浇水来防治，也可用百菌清、多菌灵或甲基托布津喷洒防治。

101. 芍药

芍药，又名梦尾春、没骨花、殿春等，为毛茛科芍药属，原产地中国，有二三千年栽培历史。芍药花瓣白、粉、紫或红色，花期4～5月。

芍药可分为药用和观赏两大类。药用类多为原种型、碗型，花色较单调，主要取其根，经加工中药名“赤芍”、“白芍”；观赏类，以观花为主，品种多，色彩十分丰富。按花色分有白色类、红色类、粉色类、黄色类、紫色类。按花型分有单瓣类、千层类、楼子类、台阁类等。另外，按开花迟早分，还有早花种、中花种和晚花种之别。

芍药喜温暖而较干燥的气候，宜栽培于肥沃、深厚、排水良好、疏松的沙质土壤中，并以中性土或微碱性土为佳。芍药喜阳光，忌烈日暴晒，夏季喜凉爽环境，宜置半阴半阳处。芍药耐寒、耐旱，也耐阴。盆栽芍药忌积水。芍药花期较短，一般为8～10天，天气凉爽或置遮阴处，花期可延续半个月。花谢之后，及时剪去花梗，不使其结籽，以免消耗养分。秋冬之际，可施一次追肥，以利于来年开花。

芍药繁殖以分株为主。关键是要把握好时节，最好在9月下旬至10月上旬进行。3～4年生的芍药植株便可分株。连根挖出老植株后，将根朝天放，抖去宿土，依根的自然走势切开，使切开部分都带有4～5个芽，在芽下5 cm处剪去部分粗根，然后晾1～2天，待伤口收干后再栽种，埋土不宜过深，以芽顶低于土面5 cm为宜，将覆土踏实浇透水即可。

芍药的常见病害有褐斑病，可用波尔多液或代森锰锌喷洒防治。还有根腐病，可用白酒擦洗根部后重新栽植。常见的虫害有红蜘蛛和蚜虫等，可用三氯杀螨醇剂和乐果剂分别进行喷洒防治。

102. 牡丹花

牡丹，又名百花王、鹿韭、木芍药、洛阳王、富贵花，为毛茛科芍药属，原产地中国河南。牡丹以花大色艳、绚丽多姿、雍容华贵、清香袭人著称，是公认的花中之王，被誉为“国色天香”，花期4～5月。牡丹品种很多，根据花的颜色不同，可分为白、黄、粉、红、紫、绿、黑、蓝8类；按花型则可分为单瓣型、半重瓣型、重瓣型、球型等；按开花早晚分，有早开花种、晚开花种、中开花种3类。

牡丹为深根性落叶灌木花卉，性喜阳光，耐寒，爱凉爽环境，适宜于疏松、肥沃、排水良好的沙质土壤中生长。因此一般栽培牡丹花的盆土宜用沙土和饼肥的混合土，或用充分腐熟的厩肥、园土、粗沙以1∶1∶1的比例混匀的培养土。如栽培土壤中水分过多，其肉质根部容易腐烂。牡丹不耐高温，夏季天热时要及时采取降温措施。牡丹因须根较长，植株较大，盆栽时则应选大型的、透水性好的瓦盆，盆深要求在30 cm以上。

牡丹花的繁殖，用播种法、分株法、嫁接法均可以。

牡丹对油漆、桐油、麝香等气味极为敏感，轻则植物萎蔫，重则影响开花，因此要防止特殊气味污染。

牡丹常见的病虫害是褐斑病、根腐病和介壳虫。发生褐斑病叶面出现褐色或黑色斑纹，可用波尔多液每月喷1～2次，若病情严重则可喷3次。对染病较重的叶子要剪下烧掉，以防蔓延。若发现根腐病，则要将病根剪除烧掉，并于栽植时在栽植穴中撒些硫磺粉。介壳虫则用氧化乐果乳剂喷洒具有较好的效果。

103. 唐菖蒲

唐菖蒲，又名剑兰、菖兰、扁竹莲、十样锦、十三太保等，为鸢尾科唐菖蒲属，原产地非洲好望角、地中海沿岸和西亚地区。唐菖蒲品种多达近万个。按花期不同，可分为春花种和夏花种两大类。花色有白、黄、淡红、胭脂红、浅紫、橙红、天蓝及各种斑纹色。唐菖蒲对剧毒气体氟化氢很敏感，遇有氟化氢气体，叶子就会发黄萎垂，用它可监测氟化氢污染情况，唐菖蒲的球茎还是一种中药，有清热解毒、散瘀消肿的功效。

唐菖蒲性喜温暖湿润气候，忌高温，不耐寒。喜阳光充足，通风良好环境，怕涝，适生于肥沃、排水良好、富含腐殖质的沙壤土中。

球茎栽下后，要一次浇透水，放置通风向阳处，保持土壤湿润。春、夏季花穗抽出后，切忌缺水干旱，但也不能浇水过多，使盆中积水成涝。唐菖蒲不喜大肥，否则会引起植株徒长倒伏。生长期一般施4次稀薄追肥即可。

唐菖蒲多采用分球法繁殖，每年秋后将地下球茎挖出，母球周围一般有两个以上新球，新球上又附生着许多子球。可将其分开、剔除老球，再按大小分类，装入布袋，挂通风处，阴干备用。

常见的病虫害有球茎腐烂病，是贮藏期经常发生的一种病害。预防措施是，挖球茎时要细心，避免球茎创伤。收获球茎后，先用冷水浸泡，再用酒精消毒后阴干贮藏，使贮藏室通风、干燥，保持4～5℃低温；叶枯病，可在栽种前剥掉球茎干枯鳞片，并用高锰酸钾浸泡球茎15分钟，进行消毒处理；在植株病发初期，用波尔多液或代森锰锌8～10天喷洒一次。

104．玉簪

玉簪，又名白玉簪、白鹤仙，为百合科玉簪属，原产地中国和日本。根粗壮，叶基生成丛状，叶大有叶柄，叶片心脏形，有光泽。夏、秋开花，花朵洁白素净，银光奕奕，与其碧绿青翠的叶片相映衬，显得清雅、朴素、端庄、情调高尚，另有一番雅趣。

盆栽要掌握以下几点：

（一）盆土宜采用经晒干的塘泥。将打碎的细小的塘泥中加入一些农家常用的堆肥，或以肥沃、疏松、排水良好的沙质园土3份、砻糠灰1份混合消毒后应用。选用口径15 cm泥盆栽种，装盆时，先在盆底放一层8～10 cm厚的颗粒塘泥，再放入拌有堆肥的细塘泥，每盆装大半盆即可。

（二）用根茎直接盆栽。宜在初春玉簪根茎将要萌芽时进行，栽时先从母株中挖取根茎，后按“品”字形栽入花盆中。栽后，在表层的细塘泥上，再加放一层2～3 cm厚的颗粒状塘泥，然后将盆土浇透。根据玉簪半阴生特性，栽后要将其摆放在半阴的环境中养护。

（三）当盆栽玉簪长成植株后，在春、夏季各施一次腐熟肥，并注意保持盆土潮湿。盆栽两年的玉簪，盆土营养已基本消耗完，在第三年开春未发新叶前，应倒盆换土，增加养分，使其继续旺盛生长。

（四）玉簪主要的病害是白绢病，可用多菌灵或克枯星浇灌根部；炭疽病，可用甲基托布津或炭疽福美喷施，每7～10天喷1次，连续喷3～4次即可；主要虫害为蜗牛，可用蜗克星颗粒试剂均匀喷施；蚜虫，可喷施吡虫啉乳油或氧化乐果乳油防治。

105. 百合

百合，又名重迈、中庭、夜合花、白花百合、白百合、卷丹等，为百合科百合属，原产地中国东部及中部地区。花色有白、黄、粉、红等多种颜色。

百合性喜凉爽、湿润的半阴环境，较耐寒冷。在富含腐殖质的肥沃沙质和排水良好的土壤中生长茂盛，鳞茎发达，花色艳丽。

盆栽宜在9～10月进行。培养土宜用腐叶土、沙土、园土以1∶1∶1的比例混合配制，盆底施足充分腐熟的堆肥和少量骨粉作基肥。栽种深度一般为鳞茎直径的2～3倍。百合对肥料要求不很高，通常在春季生长开始及开花初期施肥即可。为使鳞茎充实，开花后应及时剪去残花，以减少养分消耗，浇水只需保持盆土湿润，但生长旺季和天气干旱时须适当勤浇，并常在花盆周围洒水，以提高空气湿度。盆土不宜过湿，否则鳞茎易腐烂，盆栽百合花每年换盆一次，换上新的培养土和基肥。此外，生长期每周还要转动花盆一次，不然植株容易偏长，影响美观。

家庭繁殖百合最宜选用分小鳞茎法，通常在老鳞茎的茎盘外围长有一些小鳞茎，在9～10月收获百合时，可把这些小鳞茎分离下来，贮藏在室内的沙中越冬，第二年春季上盆栽种，培养到第三年9～10月，即可长成大鳞茎而培育成大植株。

常见病虫害的防治：百合花叶病，又叫百合潜隐花叶病，可选择无病毒的鳞茎留种，并加强对蚜虫、叶蝉的防治，同时及时拔除并销毁病株；斑点病，除摘除病叶，还要用代森锰锌可湿性粉剂喷洒一次；鳞茎腐烂病，可浇灌代森铵防治；叶枯经病，可摘除病叶，并喷洒波尔多液或退菌特可湿性粉剂。

106. 圣诞百合

圣诞百合，又名宫灯百合、宫灯花，为百合科圣诞百合属，原产地南非。花似小宫灯，上大下窄，花期相当长，夏天时分，花期7～10月，于高海拔冷凉地栽植，7～10月开花 ，平地则于10月至翌年3月开花。

盆栽圣诞百合以疏松肥沃、排水良好的土壤为佳。生长期适宜温度为18～24℃，在夏季，保持或促使土温凉爽是不可缺少的，可通过通风、喷雾、遮阴等方式降温，冬季则注意加温保温。

繁殖常用分球法。每一球具两个生长点可产生两个新子球，切下子球分别移栽即可。

常见病害有灰霉病、叶斑病、根腐病等，可交替喷施代森铵、多菌灵等杀菌剂来防治。常见虫害主要是根螨等地下害虫及蚜虫，可用辛硫磷、三氯杀螨醇防治。

107．郁金香

郁金香，又名洋荷花、旱荷花，为百合科郁金香属，原产地土耳其以及地中海沿岸。花色有白、粉红、洋红、紫、褐、黄、橙等，深浅不一，单色或复色，花期3～5月。郁金香的球茎是有一定毒性的，如果误食会引起呕吐、拉肚子；接触其叶子也可能会引起一些人的皮肤出现过敏症状。

盆栽可在10月下旬进行。栽植种球可用口径10～20 cm花盆。盆底垫3 cm左右厚的木炭渣、砖石粒、陶粒等作排水层，加入疏松肥沃的中性土。要用新土，以防病毒、线虫等感染。口径10～15 cm花盆种1～2球，18～20 cm花盆种3～5球，栽时种球顶部与土面平齐即可。栽后放阴处3～5天，浇透水后放室外冷凉处。当盆土表面1 cm以下见干时要浇水。

郁金香喜微潮偏干的土壤环境。当植株现蕾后，可适当加大浇水量，以促使花葶抽生。在整个花期管理过程中，应该掌握气温低少浇水、气温高多浇水的原则。郁金香性喜强光，每天接受不少于8小时的直射日光，才能保证植株生长良好、花朵正常开放。忌高温，温度控制在8～12℃，不仅花色艳，而且花期长。郁金香还可以水培。

郁金香可用子球繁殖，培养2～3年开花。也可用种子繁殖，需培养4年才能开花。一般以分球繁殖为主。初夏6月，植株茎叶枯黄，将休眠球茎挖出，去泥土、阴干后，贮藏于干燥冷凉处。

郁金香主要病害有茎腐病、软腐病，可于栽种前进行充分的土壤消毒，尽可能选用脱毒种球栽培，发现病株及时挖出并销毁，种植后发生病情可喷洒甲基托布津、速克灵、敌克松可湿性粉剂防治；主要虫害为蚜虫，可用天然除虫菊酯、一遍净、氧化乐果乳油喷杀。

108．风信子

风信子，又名五色水仙，为百合科风信子属，原产地欧洲南部。具鳞茎，为球形或扁平形，外被皮膜，膜色有蓝紫、粉或白色，膜色常与花色相关。花色有红、黄、粉、白、蓝紫色，花期4～5月。

风信子喜气候凉爽，空气湿润，阳光充足的环境。较耐寒，要求疏松肥沃、排水良好的沙质土壤。

盆栽应选择肥大、充实的鳞茎，于9月种植，在有阳光的条件下养护，至11月气温下降时移入室内，室温保持5～10℃，促使根系良好发育。以后温度逐渐升高，促使地上部生长，待叶片长至一定高度时，进一步提高温度，并给予足够的光照，使茎叶茁壮、丰满，花多花艳。

风信子还可水养，容器一般选用口径较大的玻璃瓶，将比瓶口稍大的风信子鳞茎置于瓶口之上，生根后使根系伸入水中，一个月后便可抽苔开花，水养期间，3～4天更换清水1次。也可将鳞茎直接浸于水仙盆中，似水仙一样莳养。

繁殖以分球法为主，可用切割鳞茎的方法进行繁殖，将鳞茎盘切割成放射形的切口，平放于室内晾干，以后从茎盘切伤部位逐渐分化出许多小球，9～10月即可取下进行栽植。培育新品种，可用播种法繁殖，但实生苗须培育4～5年才可开花。

风信子的主要病害有叶斑病，由鳞茎带毒传病，感染病后，延叶脉产生黄绿色的纵条斑，严重时叶片枯萎；防治方法为拔除病株，并销毁。菌核病，病原菌由鳞茎侵入，感染叶片，初时呈油渍状病斑，后变为灰白色或褐色；防治方法为发病初期喷施甲基托布津可湿性粉剂或多菌灵可湿性粉剂。

109. 石蒜

石蒜，又名龙爪花、老鸦蒜、红花石蒜等，为石蒜科石蒜属，原产地中国和日本。石蒜鳞茎有毒，不可直接食用，可入药，有催吐祛痰、消肿止痛之效。花有红、黄、白等色，花期8～9月。

石蒜喜阳，耐半阴，喜湿润，耐干旱，稍耐寒，要求土质疏松肥沃及排水良好的沙质壤土。

盆栽时应注意以下几点：

(1) 培养土要用腐叶土、园土、河沙按2:2:1的比例混合配制而成，同时加入少量的骨粉作基肥。

(2) 夏季休眠期浇水要少，以保持盆土稍干，春秋季需要经常浇水以保持盆土湿润。

(3) 生长季节每半个月要追施1次稀薄的有机肥水，花后及时剪去残花梗，减少养分的流失。

(4) 繁殖以分球为主，可在春、秋两季进行。但鳞茎不宜每年采收，一般4～5年掘起并分栽一次。花期秋季，先花后叶，因此，可考虑与其他耐阴的草本植物搭配盆栽。

(5) 石蒜常见病害有炭疽病和细菌性软腐病，可用多菌灵可湿性粉剂防治；虫害有蓟马，可用吡虫啉、艾美乐轮换喷雾防治；蛴螬，可用辛硫磷或敌百虫等药物进行防治。

110. 朱顶红

朱顶红，又名百枝莲、对对红、柱顶红、朱顶兰、孤挺花、华胄兰等，为石蒜科孤挺花属，原产地巴西和南非。花喇叭形，花期有深秋以及春季到初夏，甚至有的品种初秋到春节开花。

朱顶红喜温暖、湿润和阳光充足的环境，盆栽宜选用疏松、肥沃的微酸性腐叶土或泥炭土。生长适温为18～25℃，冬季休眠期要求冷凉的气候，以10～12℃为宜，不得低于5℃。

朱顶红喜阳光，但忌强光直射，宜放置在明亮、没有强光直射的窗前。保持植株湿润，浇水要透彻。但忌水分过多、排水不良。一般室内空气湿度即可。生长期间随着叶片的生长每半个月施肥1次，花期停止施肥，花后继续施肥，以磷、钾肥为主，减少氮肥，在秋末可停止施肥。盆栽可加一些过磷酸钙作基肥。

繁殖以分球繁殖为主。春季2～3月间整理去年收的球，剥掉母球四周的小球，剪除残根，晾晒两天后即可栽培，球要浅植，使之1/3～1/2在土面之上。上盆后浇水1次，待发出新叶后再浇水，花谢叶残之后，要及时剪掉残花叶、秋末冬初待其枯萎后，选在晴天掘取鳞茎放在空气流通阴凉的室内贮藏。

常见病害有斑点病，危害叶、花、花葶和鳞茎，对病叶应摘除，在栽植前应用福尔马林溶液浸鳞茎2小时，春季定期喷洒波尔多液；病毒病，致使朱顶红根、叶腐烂，可用百菌清可湿性粉剂喷洒；线虫，需用43℃温水加入福尔马林浸3～4小时，达到防治效果；红蜘蛛，可用三氯杀螨醇乳油喷杀。

111. 水仙花

水仙花，又名雅蒜、金盏银台、中国水仙、天蒜等，为石蒜科水仙属，原产地福建漳州。主要有两个品种：一是单瓣，花冠色青白，花萼黄色，中间有金色的冠，形如盏状，花味清香，所以叫“玉台金盏”，花期约半个月；另一种是重瓣，花瓣十余片卷成一簇，花冠下端轻黄而上端淡白，没有明显的副冠，名为“百叶水仙”或称“玉玲珑”，花期20天左右。

水仙生长要求有充足的阳光和干净的水，适宜温度为12～16℃。在水养之前，应先剥去鳞茎球外层干枯的褐色鳞片叶，去掉护根泥和基部的褐色朽根（注意不要碰伤白色的新根），洗净表面，直立于无排水孔的浅盆中，四周用小石子固定，使其不倾倒。加清水到鳞茎球的2/3处。刚上盆时，每天换一次晾晒过的自来水，开花前可改为2～3天换一次水。

控制开花时间。在光照充足，给水洁净的条件下，当室内温度在12～15℃时，水仙从浸泡到开花约需40天；室温在18℃左右，约需30天；室温在20℃时，只需25天就开花。养水仙不需任何花肥，只用清水即可。

水仙的主要病虫害有大褐斑病，可用代森锰锌浸泡种球15分钟，晾干后栽植。水仙萌芽开始，喷施百菌清或代森铵，交替喷施，5～7天1次，连续4次；木霉球干腐病，种球消毒用福尔马林浸种30分钟或多菌灵可湿性粉剂、施保克乳油浸泡1分钟，可在种植前处理，也可发现病斑后处理；线虫病，可用福尔马林液浸泡鳞茎3～4小时加以预防。如在养护过程中发现植株染病严重，应立即将病株剔除并销毁。

112. 大花君子兰

大花君子兰，又名君子兰、剑叶石蒜、大叶石蒜等，为石蒜科君子兰属，原产地中国。冬春开花，尤以冬季为多，小花可开15～20天，先后轮番开放，可延续2～3个月。

大花君子兰大致上可分为凸显脉型、平显脉型和隐显脉型三种类型。常见园艺品种有：凸显脉型的大胜利、黄技师、油匠、大老陈、短叶、花脸短叶、抱头和尚、春城短叶、金丝兰和尚短叶等。平显脉型的和尚、染厂、花脸和尚、青岛大叶、光板和尚、圆头、圆头短叶、嫦娥舞袖、丽人梳妆、凌花等。隐脉型的小白菜、翠波、碧绿含金、舞扇等。

大花君子兰的养护管理技术如下：

(1) 大花君子兰为肉质根，要求疏松、肥沃、排水良好的土壤，在微酸性土壤中生长最好。可用松针、腐熟有机肥、河沙按5:3:2的比例混合。

(2) 大花君子兰喜弱光，夏季烈日直射易产生“日灼病”，因此，要注意遮阳。但冬季要有充足的阳光，可花大，色艳。还应注意的是君子兰因光照问题而叶片七扭八歪，避免及矫正“歪叶”的方法，一是经常改变植株方向，在养护过程中，根据实际情况转动花盆，让叶片向所需方向转移，也可有规律地转动花盆方位，使植株接受等量的光照。生长季节每2～3天转动1次，转动次数和角度应尽量相等。二是套纸筒遮光矫正，用牛皮纸做成比君子兰叶片稍宽的纸筒，利用君子兰的向光性，将生长端正的叶片用纸筒套住，而将歪叶背向阳光照射方向，过一段时间，歪叶即可改歪为正，此时方可撤去纸筒。君子兰迟迟不开花的原因主要是光照时间过长。在家庭室内培养时大多陈设在居室内，如果室内照明电灯的瓦数大，或用日光灯照明，关灯的时间再比较晚，一天的光照时间可能会达到16小时之久，由于君子兰属于中日照花卉，在长日照条件下它们只能生长而不能进行花芽分化，因此迟迟不能开花。要想使它们开花，必须在晚间移到不开灯的室内，花葶抽出后就没有关系了。

⑶ 大花君子兰喜在湿润的环境中生长，空气相对湿度不低于60%，叶色有光泽。因此，在温度高、蒸发快的夏季，每天要向盆周围地面洒水，向叶面喷水2～3次，以增湿、降温并保持叶面清洁，但注意不要使水流至根茎部，防止盆土渍水。

⑷ 浇水的原则是不干不浇，浇则浇透。春秋两季旺盛生长，水量可大些，保持盆土湿润；三伏天蒸发量大，如通风好可多浇，如天气闷热，通风不好则少浇；三九天基本上停止生长，不宜多浇水。给君子兰浇水切忌喷入中心叶片上或用传统的方法从上往下向植株中间浇水，应该沿盆缘慢慢地浇入或用浸盆法进行浇水，万一不小心使水流入叶基部，也应尽快用卫生纸吸干。

⑸ 大花君子兰适宜生长温度15～25℃，在此温度范围内，四季可持续施肥。如是自然温度，春、秋两季应多施，夏冬两季应少施或不施，未开花的植株多施腐熟饼肥等含氮较多的肥料（一年生小苗不施肥）。已开花的植株，在春季多施腐熟的饼肥，特别是秋季，应多施磷、钾肥，还可用0.2%磷酸二氢钾液在清晨或傍晚进行根外追肥。

⑹ 换盆分株，一般在春季开花后进行，不在春季开花的植株可在出室时换盆。对于植株基部生有蘖芽，且有3～4枚叶，株高10 cm以上者，宜结合换盆进行分株。小一些的有根单株上小盆定植，无根的则用细沙先行培育，生根后再上盆养护。

⑺ 大花君子兰具有冬末春初拔箭，早春开花的习性，为避免此时因气温低等原因造成夹箭，应在抽箭前2～3周，增加室内温度，加大浇水量，7～10天施一次液肥或半个月施一次以磷钾为主的复合肥。还可用20～25℃的水浇灌土壤，25～30℃的水喷洒叶面，尽可能使室内温度保持在10～15℃，这样可促进植株迅速抽箭孕蕾，应时开花。花一展开，即要少浇水，停止施肥，将植株移至低温处，以延长观赏时间。

大花君子兰常见病害有白绢病，可在植株茎基部及基部周围土壤上浇灌多菌灵可湿性粉剂，每周 1 次， 2 ～ 3 次即可；软腐病，用消毒刀刮去腐烂部分，日光适当照射，保持通风干燥，如腐坏植株多，须全部切除病变组织，用高锰酸钾水溶液浸泡 1 小时，以清水冲洗晾干，在切口处涂抹草木灰，另换新盆栽植，置于温度不高的通气处；炭疽病，可用多菌灵粉剂、炭疽福美加喷洒，约6天喷1次，喷3～5次即可见效。常见虫害是介壳虫，应以预防为主，平时要经常注意察看株体，发现虫害，及早除治，以防蔓延，如只有 1 片或 2 片叶梢发现虫害，可作人工刮除，用细木条削尖或用竹扦将虫体剔去，若出现大量若虫，可用亚胺硫磷乳油喷杀，也可用氧化乐果乳剂喷杀，一般喷洒 1 ～ 2 次即可将其杀灭；蚯蚓，要经常注意盆土表面有没有圆形土颗粒（即蚯蚓排泄物），若发现，可立即用呋喃丹撒在土表后浇水，浇灌后出现有蚯蚓钻动，立刻除去，隔1周后再同样进行一次，即可将蚯蚓除尽。

113. 文殊兰

文殊兰，又名十八学士、文珠兰、白花石蒜等，为石蒜科文殊兰属，原产地亚洲热带。株姿健美，花香雅洁，花期多在夏季，雅丽大方，满堂生香。

文殊兰喜欢温暖和阳光充足的环境，对土壤要求疏松、肥沃及排水通气良好。

文殊兰怕烈日暴晒，因此进入夏季后，应将植株移到荫棚或北面阳台上养护，并经常向地面洒水，创造凉爽湿润的小环境。

在水肥管理方面，应以勤施薄肥为主。春季施以氮肥为主的薄肥，抽葶孕蕾期施以磷钾肥为主的液肥，秋季施以腐熟的饼肥。施肥的间隔时间为2周。

在春季时每隔1～2天浇次水，夏季每天傍晚浇次水，进入秋季后则减少浇水，冬季严格控制浇水，一般间隔2周左右浇次水。

冬季宜放在室内的向阳处，温度保持在8～10℃即可越冬。

繁殖常用分株法和播种法，分株可在春、秋季进行，将母株从盆内倒出，将其周围的鳞茎剥下，分别栽种即可。播种以3～4月为宜。在北方需人工辅助授粉，否则不易结实。种子含水量大，宜采后即播。可用浅盆点播，覆土约2 cm厚，浇透水，在16～22℃温度下，约2周后发芽。待幼苗长出2～3片真叶时，即可移栽于小盆中。

文殊兰常见病害为叶斑病和叶枯病，可及时清除病叶，保持通风，发病初期可用多菌灵、百菌清或代森铵喷洒防治；褐斑病，可用百菌清可湿性粉剂喷洒防治。虫害为介壳虫，可用氧化乐果乳油喷杀。

114. 蝴蝶兰

蝴蝶兰，又名蝶兰，为兰科蝴蝶兰属，原产地亚洲。蝴蝶兰是著名的切花种类，茎短，叶大，花茎一至数枚，拱形，花大，因花形似蝶得名。其花期一般在春节前后，观赏期可长达2～3个月，是节日点缀气氛的优良花卉。

目前市场常见的品种有小花蝴蝶兰、台湾蝴蝶兰、斑叶蝴蝶兰、曼氏蝴蝶兰、阿福德蝴蝶兰、菲律宾蝴蝶兰、滇西蝴蝶兰。

蝴蝶兰常见的栽培基质主要以水草、苔藓为主。生长时期最低温度应保持在15℃以上，蝴蝶兰适宜生长温度为16～30℃。冬季气温低时应注意增温，但要注意，不要将花直接放在暖气片上或离之过近。夏季温度偏高时需要降温，并注意通风，若温度高于32℃，蝴蝶兰通常会进入半休眠状态，要避免持续高温。春节前后为盛花期，适当降温可延长观赏时间，开花时夜间温度最好控制在13～16℃，但不能低于13℃。

蝴蝶兰新根生长旺盛期要多浇水，花后休眠期少浇水。春秋两季每天下午五时前后浇水一次，夏季植株生长旺盛，每天上午九时和下午五时各浇一次水，冬季光照弱，温度低，隔周浇水一次已足够，宜在上午十时前进行。如遇寒潮来袭，不宜浇水，保持干燥。浇水的原则是见干见湿，当栽培基质表面变干时再浇一次透水，水温应与室温接近。当室内空气干燥时，可用喷雾器直接向叶面喷雾，见叶面潮湿即可，不可将水雾喷到花朵上。自来水应贮存72小时以上方可浇灌。

蝴蝶兰较喜阴，但仍需要使兰株能接受部分光照，尤其花期前后，适当的光可促使蝴蝶兰开花，使开出的花艳丽持久，一般应放在室内有散射光处，勿让阳光直射。

蝴蝶兰要全年施肥，除非低温持续很久，否则不应停肥。冬天为蝴蝶兰的花芽分化期，停肥很容易导致无花或花少。春夏期间为生长期，可每隔7～10天施用一次稀薄液肥，宜用有机肥，也可施用蝴蝶兰专用营养液，但有花蕾时勿施，否则容易提早落蕾。夏天长叶（即花期过后），可以追施氮肥和钾肥。秋冬花茎生长期则可用磷肥，但要稀薄，约每隔2～3周施用一次。施肥的时间在下午浇水以后，施肥数次后，要用大量水冲洗，以免残留的无机盐类危害根部。

当花枯萎后，须尽早将凋谢的花剪去，这样可减少养分的消耗。如果将花茎从基部数4～5节处剪去，2～3个月后可再度开花。但这样植株养分消耗过大，不利于来年的生长。如想来年再度开出好花，最好将花茎从基部剪下，当基质老化时，应适时更换，否则透气性变差，会引起根系腐烂，使植株生长减弱甚至死亡。一般在新叶生长出的5月份换盆为宜。

盆栽蝴蝶兰不宜放在电视机旁，电视机辐射不仅非常影响蝴蝶兰的生长发育，更严重的是会明显缩短花期。

繁殖常用分株法。分株法是当蝴蝶兰长到一定程度的时候会生出小芽，切下小芽，另行栽种。

蝴蝶兰常见病害有叶斑病，可加强通风，降低空气湿度，剪除病叶来防治或发病期用百菌清可湿性粉剂喷洒，每10天喷1次，连喷3次；灰霉病，可用甲基托布津可湿性粉剂喷洒，每10天喷1次，连喷2次。褐斑病，注意通风、透光，发病初期用10%宝丽安（多抗霉素）每15天喷洒1次。虫害为介壳虫，发现少量时可用软布擦洗介壳虫，反复几次可根除虫害，量大时可喷洒氧化乐果乳油防治。

115. 文心兰

文心兰，又名舞女兰、金蝶兰、瘤瓣兰等，为兰科文心兰属，原产地美洲热带地区。文心兰花繁叶茂，一枝花茎着生几十朵至几百朵，极富韵味，摆放居室、窗台、阳台，犹如一群舞女舒展长袖在绿丛中翩翩起舞，观赏起来真是妙趣横生。

常见栽培品种有甜香，花红色，具白色唇瓣；沃尔卡诺女王，花黄色；特色，花大，黄色，花期有1～2个月；永久1号，花淡黄色，具褐红色条斑；永久2号，花红色，唇瓣白色。

文心兰耐干旱、喜高温多湿的环境，忌闷热，适宜温度15～28℃，低于8℃或高于35℃易停止生长，夏天忌强光直射，冬天可全光照。

盆栽文心兰常用基质为碎蕨根、碎木炭、蛭石、泥炭土、水苔4∶2∶2∶1∶1混合而成。盆底可多垫些碎瓦片或碎砖，以利于透气和排水。5～10月为文心兰的生长旺盛期，每半个月施肥一次。冬季休眠期可停止施肥和浇水，增加喷水，提高空气湿度即可。换盆通常2～3年一次，宜在开花后进行，未开花植株，可选择在生长期之前进行。

常用分株法进行繁殖，春、秋季均可进行，常在春季新芽萌发前结合换盆进行分株最好。将带2个芽的假鳞茎剪下，直接栽植于水苔的盆内，保持较高的空气湿度，很快恢复萌新芽和长新根。一般刚分株后勿立即浇水，当稍干时往叶面喷些水，待有新根长出时再浇水。

常见的病害主要有软腐病和叶斑病，可用多菌灵、甲基托布津可溶性湿剂防治。虫害有蜗牛，可定期撒石灰粉于花盆四周及栽培架支脚处，进行防治；介壳虫，可用人工清洗或用氧化乐果乳油喷杀；白粉虱，可用啶虫脒喷杀。

116. 兜兰

兜兰，又名拖鞋兰、仙履兰等，为兰科兜兰属，原产地中国南方地区、印度、东南亚及大洋洲诸岛。兜兰花色艳丽，花形奇特，单花开放时间长，花期10月至翌年3月。

兜兰喜温暖湿润环境，属于阴性植物，怕强光直射，早春以半阴为好，夏季早晚见光，中午前后须遮阴，冬季可全光照。

盆栽兜兰，应选透气的瓦盆，栽培基质可用蛇木屑、腐叶土、泥炭土、苔藓等材料。由于兜兰没有贮藏水分和养分的假球茎，应注意水分和养分的管理。在干旱和盛夏季节，除正常浇水保持栽培基质湿润外，每天应向叶面和花盆周围地面洒水2～3次。开花前2～3个月，应控制浇水，有利花芽分化，生长期间每周施次稀薄的肥料，休眠期应停止施肥。

盆栽兜兰每隔两年换盆次，每年换盆次更好。大型植株开花较多，除非必要，否则不要扯断或扯裂根部。换盆时不可破坏植株组织，否则腐霉菌就会趁虚而入。可用木炭粉来预防腐霉菌。

常用繁殖方法为分株法，花后结合换盆进行。分株时将母株从盆内脱出，把兰苗轻轻分开，分株时应注意植株大小，往往每盆需有3株兰苗，应大小搭配，并在伤口处涂药，然后上盆栽植。

一般无病虫害，长期处于高温高湿易得软腐病，应喷施抗菌剂，并保持通风。

117. 石斛兰

石斛兰，又名石斛、石兰、吊兰花等，为兰科石斛兰属，原产地中国。石斛兰分为两种，一为春石斛，春季开花，花梗在两侧茎节抽出；另一种为秋石斛，花在秋季开，花梗由茎顶抽出，每梗着花可达10～20朵，花形有大花蝴蝶兰型和小花卷瓣。

石斛兰喜温暖、湿润和半阴环境，不耐寒。生长适温18～30℃，生长期以16～21℃更为合适，冬季温度不低于10℃。

盆栽石斛兰需用泥炭、苔藓、蕨根、树皮块和木炭等轻型、排水好、透气的基质。同时，盆底多垫瓦片或碎砖屑，以利于根系发育。

春、夏季生长期，应充分浇水，使假球茎生长加快。9月以后逐渐减少浇水，使假球茎逐趋成熟，能促进开花。生长期每旬施肥1次，秋季施肥减少，到假球茎成熟期和冬季休眠期，则完全停止施肥。

栽培2～3年的石斛兰，应换一次盆。换盆时要少伤根部，防止叶片黄化脱落。

繁殖常用分株法和扦插法。分株繁殖，春季结合换盆进行，将生长密集的母株，从盆内托出，把兰苗轻轻掰开，每盆栽3～4株，有利于成型和开花；扦插繁殖选择未开花而生长充实的假鳞茎，从根际剪下，再切成每2～3节一段，直接插入泥炭苔藓中或用水苔包扎插条基部，保持湿润，30～40天后可生根。

常见病害有黑斑病和病毒病，可喷洒抗菌剂防治。常见虫害有介壳虫，可用氧化乐果乳油喷杀。

118. 卡特兰

卡特兰，又名阿开木、嘉多利亚兰、嘉德丽亚兰、加多利亚兰、卡特利亚兰，兰科卡特兰属，原产美洲热带地区，品种在数千个以上，颜色有白、黄、绿、红紫等。在国际上有“洋兰之王”、“兰之王后”的美称。

盆栽卡特兰可用碎蕨根6份、蛭石1份，外加木炭和碎石作基质。卡特兰性喜温暖、潮湿和充足的光照。生长时期空气湿度控制在60%～65%，春夏秋三季应遮去50%～60%的光线，要求白天温度25～30℃，夜间15～20℃，保持大的昼夜温差至关重要，不可昼夜恒温，更不能夜温高于昼温。卡特兰植株具有1～3片革质厚叶，是贮存水分和养分的组织，茎叶肥厚，气根旺盛，耐干旱。春、夏、秋三季每2～3天浇水一次，冬季每周浇水一次。在开花期应减少浇水，可促进花芽分化，新芽形成或花苞形成后，要多浇水，但夜间要避免浇水，特别是寒潮侵袭的时候必须完全停止浇水。可用少量迟效肥做基肥；生长季节，每半个月用0.1%的尿素加0.1%的磷酸二氢钾混合液喷施叶面一次；当气温超过32℃或低于15℃时，要停止施肥。花期及花谢后休眠期间，应暂停施肥，以免出现肥害伤根。

繁殖用分株、组织培养或无菌播种。分株法繁殖，结合换盆，一般于3月进行。将植株从盆内倒出，去掉根部附着的基质，将根茎切成两半，每部分应有3个以上芽，并剪去腐烂和折断的根，然后把新株分别盆栽。

常见有叶斑病、叶枯病和介壳虫、粉虱危害。病害用50%代森锌可湿性粉剂600倍液喷洒；虫害用40%氧化乐果乳油1 500倍液喷杀。

119.万代兰

万代兰，又名胡姬花，为兰科万代兰属，原产地马来西亚和美国。万代兰的花色繁多，黄、红、紫、蓝色均有。其花期很长，常常一朵花可以连续开放几周，不少种类还有香味。

万代兰性喜温暖潮湿，生长适温为20～30℃，冬季日间保持在20℃以上，晚间保持15℃以上，才能安全越冬。与其他兰花相比，万代兰较喜光照，植株成熟后，如果光照足够，一年可开2～3次花。

盆栽万代兰需选择排水良好的基质，像木屑、碎砖块、木炭、粗沙粒等。除此，还应选用木条盆或陶盆，而且在盆上多穿几个洞，更有利于排水及空气流通，万代兰亦能在蛇木板或树干上生长良好。

万代兰不宜经常换盆，除非受病虫害侵扰，至少3年才能换盆1次。于春天正要步入旺盛生长之前为最佳时机。生长多年的万代兰，根系会紧紧地附在盆钵的内壁，为不伤及根系，最好将盆子打破再进行。

繁殖常用高芽繁殖法，于秋末时，万代兰在叶腋处会长出高芽，当高芽长至5～7 cm时，应用锋利及已消毒的刀子，自母株切下高芽，并种植在装有蛇木屑的盆中。另外，当多年栽培的植株长到1 m以上时，可将长30～46 cm的顶芽切下，种植于盆中，保持潮湿即可。

除了蜗牛和蛞蝓外，一般没有其他虫害。但当水分滞留在叶片的时间过久，往往会出现一些深色的斑纹或斑块，并且逐渐腐烂。情况轻微时，可将患处切除，如腐烂范围太广，必须将整株丢弃。

120. 大花蕙兰

大花蕙兰，又名虎头兰、喜姆比兰、蝉兰、西姆比兰等，为兰科兰属，原产地中国南部。花大型，直径6～10 cm，花色有白、黄、绿、紫红或带有紫褐色斑纹，花期多在春节前后。可布置于室内花架、阳台、窗台，更显典雅豪华，有较高品位和韵味，增强节日气氛。

目前主要的流行品种有以下几类：

红色系列：红霞、亚历山大；

粉色系列：贵妃、梦幻、修女；

绿色系列：碧玉、幻影、往日回忆、玉禅；

黄色系列：夕阳、明月、幽浮UFO、黄金岁月；

白色系列：冰川、黎明。

大花蕙兰总体上都遵循以下的分级标准：A级：株高80～120 cm，4～5个花箭，每支箭15～20朵花；B级：株高60～80 cm，3～4个花箭，每支箭10～14朵花；C级：株高40～50 cm，1～2个花箭，每支箭6～9朵花。

大花蕙兰喜昼夜温差大，白天生长温度在25～28℃，晚间温度在10～15℃，有利花蕾生长。若花芽已形成，气温高达28℃以上，将会造成枯萎或掉蕾。

盆栽大花蕙兰常用15～20 cm高筒花盆，每盆栽2～4株苗。盆栽基质用蕨根、苔藓和树皮块的混合物。大花蕙兰生长需充足的散射光，夏秋季需要遮阳50%左右，阴天或冬春季阳光柔和时可接受直射光。但在开花期

应将兰株置于较弱光照的地方，以便其开花鲜丽。掌握淡肥勤施的原则，气温在15～30℃的晴天施肥最适宜，阴雨天不施肥。生长期每半月施肥1次，也可每周喷洒1次复合肥，使假鳞茎充实肥大，才能促使花芽分化，多开花。浇水要浇透。每隔4～5天浇水1次，浇水时不要让花朵沾到水。干旱季节，应喷雾降温、增加湿度。随时剪去枯叶、病叶。花芽长出后，如数量过多，去除弱芽，保留壮芽。

繁殖常用分株法，在植株开花后，新芽尚未长大之前，正处短暂的休眠期。分株前使基质适当干燥，让大花蕙兰根部略发白、略柔软，这样操作时不易折断根部。将母株分割成2～3筒一丛盆栽，操作时抓住假鳞茎，不要碰伤新芽，剪除黄叶和腐烂老根。

大花蕙兰的主要病害有黑斑病和轮斑坏死，可喷洒甲基托布津可湿性粉剂。虫害有介壳虫和红蜘蛛可用虫螨克或氯氰菊酯喷杀；蜗牛，则在台架及花盆上喷洒敌百虫或用敌百虫毒饵诱杀。

121. 春兰

春兰，又名草兰、朵朵香，为兰科兰属，原产地中国。春兰已有2000多年的栽培历史，其姿态优雅，芳香怡人，是兰花中最具君子之风的品种。花期2～3月。

春兰传统名品：宋梅、龙字、绿云、西神梅、梁溪梅、翠盖荷、大富贵、环球荷鼎、端秀荷、万字、绿英、老十圆、九章梅、永丰梅、逸品、翠文梅、余蝴蝶、文团素、蔡梅素、知足素梅、定新梅、天龙、桂圆梅、小打梅、翠桃、翠一品、四喜蝶、张荷素、蔡仙素、苍岩素、天一荷、贺神梅、瑞梅。

种植春兰最好选择素烧的泥瓦兰花专用盆，口径20 cm左右，可种植2～3丛大苗。上盆时要注意，兰根要自然伸展，不能卷曲，同时使培养土和根部密接，兰基的高度与盆壁口的高度持平或稍低点即可。上盆后要用软水慢浇，水量要充足，置于半阴通风处加强管理。

春兰的生长主要是5～8月，最佳适温在25℃以内，湿度保持在75%左右，光照需要散射光线，并酌情施肥。8～11月为花芽生长期，需要充足的光照条件，并加强磷钾肥的施用，温度、湿度与生长期相同。11月至翌年的2月是花芽的相对休眠期，可以控制浇水的次数，光照要求有较好的光线条件，并停止施肥，温度保持在5～10℃，湿度在60%左右即可。

养护春兰，最好每1～2年换一次盆土。从新芽的生长至冬季休眠期之间，每半个月左右施肥一次，肥料宜用兰花专用肥料或矾肥水，施肥后要喷少量清水冲洗叶片。

繁殖常用分株法与播种法，家庭养兰主要用分株法，最好在花开之

四川春兰

朵香兰

莲瓣兰

后3～4月新芽没有出土之前和9～10月停止生长以后，先将母株从盆中托出，除去宿土，用清水将肉质根洗净晾干，除去断根枯叶，伤口涂点木炭粉，防止感染。分株时，从植株中找出两假鳞茎相距较宽、用手摇动又易松动的地方，用剪刀剪开，伤口处涂上炭末或硫磺粉，防止腐烂。同时注意不要碰伤嫩芽和折断叶子。切开的两个假鳞茎上都要有新芽，才能各自生长成新植株，切开的每个部分，应有3个假鳞茎，太少对新芽生长不利，分株后上盆栽种。

对病害的预防，可每月交替喷施一次多菌灵、百菌清杀菌剂来预防。发现介壳虫时要及时擦拭或喷施专用杀药剂进行防治。

122. 墨兰

墨兰，又名报岁兰、拜年兰，为兰科兰属，原产地中国南方。品种有秋榜、秋香、小墨、徽州墨、金边墨兰、银边墨兰、立叶报岁兰、大明报岁兰、富贵名兰、玉桃、大屯麒麟等。新春佳节，正值墨兰花时，清艳含娇，幽香四溢，满室生春。

墨兰属半阴性植物，要求暖和、湿润、散光、通风的环境条件。墨兰对水分的要求主要是视气温高低，光线强弱和植株生长而定。可遵循“春不出，夏不日，秋不干，冬不湿”之经验。墨兰用水以雨水或雪水最好，如必须用自来水，须暴晒一天后才能应用。夏秋两季在日落前后，入夜前叶面干燥浇水为宜。冬春两季，在日出前后浇水最好，还要喷雾增加空气湿度，以利墨兰生长。墨兰施肥宜淡忌浓，一般春末开始，秋末停止。生长季节每周施肥一次，秋冬季生长缓慢，每20天施一次，施肥后喷少量清水，防止肥液玷污叶片。施肥必须在晴天傍晚进行，阴天施肥有烂根的危险。

繁殖常用分株法，花蕾凋谢后，轻拍兰盆，使盆内植株松动，倒出兰株，脱盆后先将枯黄的叶片，假鳞茎上干枯的苞片，腐烂干枯的老根等剪除，选择已经清理好的较大丛植株，找出两假鳞茎相距较宽、用手摇动时又容易松动的地方，用利剪剪开，伤口涂抹炭末和硫磺粉，防止伤口腐烂。剪开的两部分假鳞茎上都应有新芽，各自能单独长成新的植株。

墨兰易发生墨斑病，除加强通风、控制空气湿度外，可喷洒代森铵可湿性粉剂防治；霉菌病，可用五氯硝基苯粉剂喷洒防治；介壳虫和红蜘蛛，可用氧化乐果乳油喷杀。

123. 建兰

建兰，又名雄兰、骏河兰、剑蕙等，为兰科兰属，原产地中国南部。叶丛生，线状披针形，暗绿色。夏秋间，叶间抽出总状花序，花瓣较萼片稍少而色淡，唇瓣卵状矩圆形，全缘，绿黄色，有红斑或褐斑。久经人工培植，品种很多，唇瓣和两棒白色无斑点的为上品，称“素心兰”。 花芳香馥郁，供观赏或制香料。叶可入药，功能开胃解郁。

建兰性喜温暖湿润和半阴环境，耐寒性差，越冬温度不低于3℃，怕强光直射，不耐水涝和干旱。

选择以质地粗糙、无上轴、边底多孔、有盆脚的花盆较好。盆土以疏松团粒结构、富有机质、透气性与排水性好的基质为佳。可用腐殖土、火烧土、粗沙粒以4:4:2的比例混合配制；或用腐殖土、粗沙粒、谷糠以4:4:2混合配制。

盆栽建兰，土壤保持湿润，但不能多浇水，切不可根部积水，夏季要向叶片多喷水，生长期每半个月施肥1次，肥液绝对不能玷污叶片。盛夏高温强光时，设置遮阴设施，冬季放室内养护，以免冻伤叶片。

繁殖常用分株法。在春、秋季均可进行，将密集的假鳞茎丛株，用刀切开分栽，每丛至少3筒，将根部适当修整后盆栽，一般2～3年分株1次。

常见病害为炭疽病和黑斑病，可喷洒多菌灵可湿性粉剂防治；介壳虫，可用氧化乐果乳油喷杀。

124．寒兰

寒兰，又名冬兰，为兰科兰属，原产地中国南方地区。花梃直立，与叶等高或高出叶面，花疏生，有花10余朵。瓣与萼片都较狭细，清秀可爱，花色丰富，有黄绿、紫红、深紫等色，一般具有杂色脉纹与斑点。花期10～12月，凌霜冒寒吐芳，实为可贵，因此有“寒兰”之名。

寒兰喜肥，不耐贫瘠；喜光照，不耐强直射光；喜高湿，也耐高温，不耐闷热。

盆栽寒兰应该选用松软、富含腐殖质的植料，可以采用杂木锯屑、落叶、花生壳等加黑土堆沤作种植寒兰的植料。种植寒兰很重要的环节就是遮光，光照过强易使叶片晒伤造成日灼病，过度遮光或长期放在室内又会影响兰花的光合作用造成生长不良和不易开花。浇水要合理，微干而不燥是养好寒兰的关键。盆土以见干见湿，浇即浇透，平时稍干为原则，这样养出的寒兰根系发达，生长健壮，极少出现烂根及根系早衰现象。要合理施肥，除结合换盆添加少量基肥外，在4～6月及9～10月间，每月可增施一次稀薄有机肥。

繁殖常用分株法，在春、秋季均可进行，将密集的假鳞茎丛株，用刀切开分栽，将根部适当修整后盆栽。

要注意防治病虫害。一般春季3～5月，秋季10～11月是病虫害的高峰期，这段时间可十天至半个月交替喷一次防病杀虫药，其余时间每月一次即可。防病可选用甲基托布津、代森锰锌、多菌灵、可杀得、达克宁等杀菌药，杀虫可用氧化乐果、速扑杀、介死净、敌杀死等。

125. 马蹄莲

马蹄莲，又名慈姑花、野芋、水芋等，为天南星科马蹄莲属，原产地非洲南部。常见品种：有白梗马蹄莲、红梗马蹄莲和青梗马蹄莲。叶片翠绿，花苞片硕大，宛如马蹄，形状奇特，自然花期从11月到翌年6月。

盆栽马蹄莲的养护管理需注意：一是种植时间，应在10月上旬，在华北地区须在9月初种植。二是栽培基质可用陶粒、珍珠岩和混合基质，其中以陶粒栽培最为方便。三是施肥最好用营养液，无土栽培观花营养液或综合营养液均可，每周1次，在生长旺季每周2次。四是宜放在阳光充足的地方养护。生长适温为15～25℃，冬季室内温度需保持在10℃以上，夏季温度25℃以上植株将枯萎进入休眠。

马蹄莲主要用分球根的方法繁殖。4月末盆株移到室外疏阴环境养护，6月中旬叶片日渐枯黄，行将进入休眠，此时应剪去枯叶把盆面清理干净，控制浇水，盆土以微潮为宜，最好原盆保留，放阴凉通风避雨处，使其安静休眠。立秋以后，整坨磕出，抖去泥土将根茎周围孳生的小球剥下，另行培植1年，翌年即可开花。

马蹄莲常见病害主要有软腐病，可拔除病株，用福尔马林对土壤消毒，发病时喷波尔多溶液；虫害为蓟马和蚜虫，可用乙酰甲胺磷或溴氰菊酯进行预防；红蜘蛛，可用三硫磷、虫螨克等喷洒防治。

126. 红掌

红掌，又名火鹤花、安祖花，为天南星科花烛属，原产地南美洲热带雨林中。其花朵独特，为佛焰苞，色泽鲜艳华丽，色彩丰富，可常年开花，切花水养可长达1个月。盆栽在居室内摆放还可以吸收空气中对人体有害的苯、三氯乙烯，但开花时，花会有轻微的毒性，最好移到室外养。

红掌常见栽培品种有：

粉冠军：红掌中的小型品种，叶片翠绿，光泽好，侧芽发生性强，株形极为丰满紧凑，花苞粉红色，娇美可爱，环境适应能力极强，室内摆放期长。

亚利桑那：叶色浓绿、光泽度好，佛焰苞鲜红色，花序黄色，适应性强，生长速度快，从栽植至开花需11个月。

阿拉巴马：叶片健壮、肥大，叶色浓绿、光泽度极好，株形自然匀称丰满，花苞颜色鲜红偏深，花柄粗壮并伸出叶面约10 cm，生长速度较快，适应性强。

华伦天奴：叶色青绿，光亮度好，株形自然匀称丰满，佛焰花序高伸出叶面，花苞橙红，色泽鲜艳，在夜温过低时，容易导致苞片耳侧转绿。

红掌喜温暖、湿润、空气通畅的环境，花叶蜡质，具强大的气生根，且半木质化。

室内养护时应注意以下几点：

（一）基质要疏松。既能透气又保湿的基质是根系生长的良好基础，所以换盆或分株时要因地制宜地选择几种基质混合使用，如将泥炭土、稻壳和珍珠岩按3∶2∶1的比例混合。换盆时不要除去原来的培植土，直接放在花盆内再加上混合土即可。分株时，轻轻拍打花盆，连根取出植株，轻轻敲去部分培植土，再将植株分为2～4株一丛，另栽新盆，覆土到根颈交界处，然后轻轻拍实即可。

粉冠军

（二）要控制好栽培环境。由于红掌是一种半阴生植物，红掌的生长适温在14～35℃，当温度低于10℃时会出现冷害；当温度高于35℃，植株也会受到伤害，在这种情况下，应及时向植株及周围喷水，一定程度上，高温情况下湿度也很高时，就不会那么容易造成伤害。

（三）加强肥水的管理。红掌施肥的宗旨是薄肥勤施，否则容易造成伤根，影响植株生长并直接造成植株死亡。红掌喜湿（相对湿度高），但基质要求偏干，因此淋水最好是结合淋液肥一起进行，平时多向叶片及周围喷水，增加栽培环境的相对湿度。

（四）注意病虫害的防治。红掌常见病害有细菌性病害，可通过加强管理改善通风条件来防治；炭疽病，可用甲基托布津、代森锰锌等喷洒防治；红掌常见虫害是红蜘蛛、线虫、白粉虱、蜗牛、介壳虫，可用三氯杀螨醇、一遍净、氯氰菊酯等喷杀。

127. 白鹤芋

白鹤芋，又名苞叶芋、白掌、一帆风顺等，为天南星科白鹤芋属，原产地哥伦比亚。其叶片翠绿，花似洁白佛焰苞，非常清新幽雅，具有纯洁平静、祥和安泰之意。它对过滤室内废气如氨气、丙酮、苯和甲醛等有一定功效。

白鹤芋喜温暖湿润和半阴环境，切忌阳光直射，怕寒冷。忌黏重土壤，宜富含腐殖质的沙质壤土。其生长适温为22～28℃，冬季温度低于10℃，植株生长受阻，叶片易受冻害。

盆栽白鹤芋易用腐叶土、泥炭土和粗沙的混合土，加少量过磷酸钙为宜。白鹤芋在冬季及早春需要较好的光照，不要荫蔽，而光照渐强时要逐渐遮阳，如果在荫蔽处欣赏的，不可直接放于阳光下暴晒，否则会因环境的急剧变化而出现不适，表现为萎蔫、黄叶，甚至枯死。生长期间应经常保持盆土湿润，但要避免浇水过多，否则易引起烂根和植株枯黄。夏季和干旱季节应经常用细眼喷壶往叶面上喷水，并向植株周围地面上洒水，以保持空气湿润，对其生长发育十分有益。冬季要控制浇水，以盆土微湿为宜。生长旺季每1～2周施一次稀薄的复合肥或腐熟饼肥水，这样既利于植株生长健壮，又利于不断开花。

繁殖常用分株法，以5～6月进行最好。将整株从盆内托出，丛株从基部将根茎切开，每丛至少有3～4枚叶片，分栽后放半阴处恢复。

常见病害有细菌性叶斑病、褐斑病和炭疽病，可用多菌灵可湿性粉剂喷洒防治；另有根腐病和茎腐病发生，除注意通风和减少湿度外，用百菌清可湿性粉剂喷洒防治。虫害有介壳虫和红蜘蛛，可用虫螨克、三氯杀螨醇、尼索朗、哒螨灵等喷杀。

128. 凤梨花

凤梨花，为凤梨科植物，原产地南美洲。同属于凤梨科的常见种类还有蜻蜓凤梨、莺歌凤梨、彩苞凤梨、水塔花凤梨和虎纹凤梨等。

常见的栽培品种有以下几种：

水塔花凤梨，为凤梨科凤梨属，叶片革质；青翠而光泽，排列成莲座状，叶基部相互抱合，使植株中心成筒状，内可盛水而不漏，故有水塔花之名。每年9月，还会从叶筒中抽出红色火把状的花序，是花叶俱美的室内观赏花卉。

姬凤梨，又名小凤梨，为姬凤梨属，最适宜盆栽观赏。其叶片坚而细长，具波浪边缘，色泽有乳黄、红或紫红等，叶面有纵长条纹放射如蟹状，花白或浅绿色，生于叶簇群中，形成一圆盘。

蜻蜓凤梨，又名美叶光萼荷、斑粉菠萝，为光萼荷凤梨属，植株由10～20叶构成莲座状叶丛，基部杯状。叶尖端为钝圆形外翻，青绿色，表面镀上一层银白色。夏秋之间，桃红色的柱状花后，高约15 cm。密集的小花初开为蓝色，后变为玫瑰红色，有如一只振翅飞翔的蜻蜓，观赏期可持续几个月。

莺歌凤梨，又名岐花鹦哥凤梨、珊瑚花凤梨，为丽穗凤梨属，株高20 cm左右。叶丛生，呈杯形。叶带状，长20～30 cm，肉质，较薄，鲜绿色，有光泽。复穗状花序，花刀细小，直立，自叶丛中抽生。花苞刀状，

丽穗凤梨

星花凤梨

莺歌凤梨

基部艳红，端部黄绿色或嫩黄色。观赏期长达1个月左右。

彩苞凤梨，又称火炬，为丽穗凤梨属，叶片边缘光滑且没有锯齿。从中央抽出直立的花茎，长达35～40 cm，顶端着生穗状花序，花穗有2～4个分枝。花苞深红色，肥厚有光泽，整个花序像熊熊燃烧的火炬，花期可达3个月，也是观赏凤梨中的宠儿。

虎纹凤梨，又名红剑，为丽穗凤梨属，叶丛莲座状，深绿色，两面具紫黑的横向带斑。花序直立，呈烛状，略扁，苞片互叠、鲜红色，小花黄色。

星花凤梨，又名果子蔓，为星花凤梨属，植株高30～70 cm，叶片带状，长50～70 cm，绿色或深绿色，先端渐尖，基部鞘状；穗状花序从叶丛中抽出，粗壮，苞片密集，鲜红色，花穗呈星状，小花白色，聚生于花穗顶端的花苞片内。

铁兰，又名紫花凤梨，为铁兰属，叶浓绿色，质硬，革质，基部呈紫褐色条状斑纹。花由粉红色近淡紫色的苞片对生组成。小花由苞片内开出，浓紫红色。观赏期长达70～80天。

凤梨具有两个特殊的习性：①绝大多数凤梨具有莲座状叶丛，叶丛丛部形成一个能蓄水的叶筒。凤梨生长发育所需的水分，不是贮存于叶肉内，而是贮存于簇生叶丛中央生长点处所自然形成的凹槽内（即特有的莲

虎纹凤梨

光萼荷

铁兰凤梨

座状叶筒），生长季节除需经常浇水以保持盆土湿润外，还必须经常往叶筒内浇水，使叶筒内贮有充足的水分，这样才能使其茁壮生长。②绝大多数观赏凤梨一生中只开1次花，开花之后母株再活一段时间即死亡，这时在母株的茎基部或根部会萌生一至数个蘖芽，这些蘖芽是繁殖新植株的好材料。

根据凤梨生长的特性，给其浇水需注意的是：由于季节不同，浇水方法不一样。春夏两季是凤梨生长旺季，浇水时应有意让一部分水流进空筒中贮存，再用一个长嘴浇壶从叶片的缝隙伸入盆土表面浇水，并保持盆土湿润，但盆内不可积水，否则会引起烂根。冬季应少浇水，保持盆土微湿，筒中不能留有水分，只需保持筒底部湿润即可。施肥的肥料也应溶解于水后再浇入盆中。

繁殖常用分株法。将母株两侧的蘖芽培养成小植株，切割下来直接栽于泥炭土或腐叶土中，保持湿润，待根系较多时，再浇水施肥。

凤梨常见病害有心腐病和根腐病，可用甲基托布津、多菌灵喷洒防治；主要虫害有介壳虫类、红蜘蛛，可用三氯杀螨醇、虫螨克、氧化乐果乳油等喷杀。

129. 鹤望兰

鹤望兰，又名极乐鸟、天堂鸟等，为芭蕉科鹤望兰属，原产南非及拉丁美洲。其花顶生，花形奇特，有着橙黄的花萼、深蓝的花瓣、红紫的总苞，远远望去，宛如引颈高歌的仙鹤头，故得名鹤望兰。

鹤望兰喜温暖、湿润气候，怕霜雪，冬季温度不能低于5℃。

栽培鹤望兰的盆土要选择疏松肥沃、排水良好的，一般可用腐叶土与泥炭土加1/3左右河沙，也可采用珍珠岩和少量农家肥混合配制而成的培养基质。盆养鹤望兰一般2～3年换盆一次。

浇水要适宜，即生长季节需要供应充足的水分，但由于这种植物有巨大的肉质根，能贮存大量的水分，所以不宜过量浇水，冬季要少浇水。

施肥关键是在生长期，要每半个月施肥一次，促其萌生新芽、新叶，如此才能花多。花期加施磷肥2～3次，花谢后，应及时清除败花，剪除花茎和枯叶，以减少养分消耗。

光照要充分，春、夏、秋三季均应放置于室外或阳台上栽培，夏季要遮阴或放在其他植物的下面，冬季应放置于室内光照强的地方。

繁殖可用播种或分株法进行，一般多用分株法。选择生长健壮，分株较多的个体，挖出后去掉培养土，由根茎处用利刀切开，伤口消毒后再种植。分植后必须遮阴，以日照50%～70%最佳，强光直射将影响生长发育。

病虫害防治，主要虫害是介壳虫，可采用人工清除或用乐果乳油喷杀防治，或者用亚硫铵磷药液，每周喷洒一次防治。

130. 垂花蝎尾蕉

垂花蝎尾蕉，又名垂花火鸟蕉、垂序蝎尾蕉、垂苞蝎尾蕉、金嘴赫蕉、金嘴等，为旅人蕉科蝎尾蕉属，原产地阿根廷、秘鲁。其花序长而下垂，苞片短阔且排列较紧密，花姿奇特，花色艳丽，舌状花两性，米黄色，单花期长达20天，花期5～10月。

垂花蝎尾蕉性喜高温、高湿和光照充足的环境，但耐半阴。喜富含有机质的肥沃中性至微酸性土壤，耐瘠薄，忌干旱，畏寒冷，生长适温为18～30℃。

垂花蝎尾蕉生性强健，适应性广，抗性强，盆栽时可选择排水良好、土层深厚、肥沃、疏松、富含腐殖质的沙质土壤。生长期需要水分充足，要充分浇水。每半个月施肥1次，切忌低温干燥。喜光照充足的环境，夏季开花期要适当遮阴，并增施2次磷、钾肥。冬季要剪除枯叶，保持株形美观与通风。如果管理得好，同株有较强的侧芽萌发能力，可连续开花10年以上。

垂花蝎尾蕉常见的繁殖方法为分株法。采用分株繁殖时，一般在春季进行。在母株旁挖取四周尚未开花的健壮植株或新芽，每蔸1～3株，分栽移植。刚移栽时要注意遮阴，否则易发生日灼病。分株苗当年或第二年能开花。

垂花蝎尾蕉的病虫害较少。室内盆栽时，如果通风性差，易发生介壳虫危害，可用亚胺硫磷乳油喷杀。

131．萼距花

萼距花，又名紫花满天星，为千屈菜科萼距花属，原产地墨西哥。花单生叶腋，花冠筒紫色、淡紫色至白色。花期自春至秋，随枝梢的生长而不断开花。

萼距花耐热喜高温，不耐寒，喜光，也能耐半阴，在全日照、半日照条件下均能正常生长，但日照充足则生育较旺盛，在5℃以下常受冻害，生长适温为18～32℃。萼距花对土壤适应性强，耐贫瘠，沙质壤土栽培生长更佳。上盆用的基质可以选用下面的一种：菜园土∶炉渣=3∶1，园土∶中粗河沙∶锯末（茹渣）=4∶1∶2，草炭∶珍珠岩∶陶粒=2∶2∶1，菜园土∶炉渣=3∶1，草炭∶炉渣∶陶粒=2∶2∶1，锯末∶蛭石∶中粗河沙=2∶2∶1。上完盆后浇一次透水，并放在遮阴环境养护。萼距花喜欢湿润的气候环境，要求生长环境的空气相对温度在60%～75%。幼苗定植后宜摘心或修剪1次，促使分枝生长。生育期间每1～2个月施肥1次，有机肥料或氮、磷、钾均佳。植株过高或枝叶拥挤可进行修剪。夏季应放在半阴处，或给它遮阴50%；同时可适当喷雾，每天2～3次。冬季应置于室内光线明亮的地方养护。

繁殖萼距花极为容易，扦插繁殖为主，萼距花也用播种繁殖。在春、秋两季扦插为好，也可全年进行。选取健壮的带顶芽的枝条5～8 cm，去掉基部2～3 cm茎上的叶片，插入沙床2～3 cm，10天左右生根，生根后上营养袋培育1～2个月待定植。

春季易发生毒蛾危害，可用敌杀死、扑灭松等防治。

132．紫薇

紫薇，又名百日红，痒痒树，为千屈菜科紫薇属，原产地东南亚至大洋洲。紫薇花朵繁茂，花色艳丽，有白、紫、红及不同深浅的变化，花期6～9月，有“百日红”、“满堂红”的赞誉。

紫薇耐修剪，在春天萌芽前先将细弱枝、过密枝剪去，同时把其他的当年生枝条留2～3 cm短截。春季萌芽后，在新梢长至10 cm长时要进行1次摘梢，只留基部2～3只芽，不久即会长出2～3个分枝，当分枝长出6～7片叶时再进行1次摘梢，可控制树形，促发分枝多开花，但开花的花序要小些。摘梢后长出的叶片会变小，可提高观赏价值。紫薇的花序开在枝条的顶端，当第1批花开放后，应剪去残花。在追施肥料后，生长一个阶段又可开花。此外，还可通过摘叶来达到提高紫薇观赏效果的目的。摘叶通常在9月中旬进行，摘去全部老叶后，会长出小型、质厚、叶缘红色的叶片，且枝梗全为紫红色，有极高的观赏价值。但9月下旬后不能进行摘叶，否则很难再长出新叶。摘叶前的1周要施足肥料，摘叶后再追施1次肥料，并保持充足的阳光及盆土湿润，20天左右可长出新叶。

紫薇的繁殖方法主要有播种和扦插。播种于2～3月进行，将种子播入沙土床中，上盖薄土，保持土壤湿润，4月即可出苗。扦插，于春季和夏季进行，春季于萌芽前，选1～2年生旺盛枝条，截成长15～20 cm的插穗，插入土中2/3。扦插基质以疏松，排水良好的沙质壤土为好。

紫薇常见病虫害主要有煤烟病、白粉病、紫薇绒蚧、大衰蛾等，可适时喷施药物防治。

133. 天竺葵

天竺葵，又名洋绣球、石蜡红等，为牻牛儿苗科天竺葵属，原产地非洲南部。伞形花序顶生，花蕾下垂，花冠有红、白、淡红、橙黄等色，还有单瓣、半重瓣、重瓣，花期长，花色艳丽而繁多。

天竺葵喜温暖、阳光充沛和肥沃、疏松、排水良好的沙质土壤环境条件。耐旱怕涝，怕高温，适宜生长温度为15～25℃，超过35℃时，表现为半休眠状态，不耐阴，在阳光下生长健壮。

盆栽天竺葵，盆土可用腐叶土掺适量沙土及砻糠灰，加少量骨粉。每年应换盆1次，更换新的培养土，以利于生长开花。换盆宜在 8 月中旬至 9 月上旬进行。每年于 4 月中下旬放到室外通风良好的向阳处养护。

夏季每天清晨浇水，傍晚看盆土干湿程度，盆土干燥则补浇水1次，但不宜浇足。冬季温度低，植株生长缓慢，一般6～7天浇1次水即可。茎叶生长期，每半个月施肥1次，但氮肥不宜过太多。茎叶过于繁殖，需停止施肥，并适当摘去部分叶片，有利于开花。花芽形成期，每2周加施1次磷钾肥。盛夏季节，植株处于休眠状态，一般不必施肥。

繁殖常用扦插法。春、秋两季都可进行，但以春插成活率高。具体做法是：剪取带顶芽先端枝条6～8 cm长，下端切口在节下，把基部叶片剪去，切口干燥后，插入盛蛭石或素沙土的盆内，浇一次透水，此后隔2天浇1次水，20天左右生根。待根长2～3 cm时上盆。

天竺葵主要病害为叶斑病，可喷洒波尔多液、甲基托布津药剂防治；灰霉病，可用百菌清喷洒防治。虫害有红蜘蛛和蚜虫，可用氧化乐果乳油、一遍净和虫螨克喷杀。

134．八仙花

八仙花，又名绣球、紫阳花，为虎耳草科八仙花属，原产地中国和日本。八仙花初开为青白色，渐转粉红色，再转紫红色，花色美艳。花期6～7月，每簇花可开两个月之久。

盆栽八仙花，一般每年要翻盆换土一次，宜于3月上旬进行。新土可用4份叶土、4份园土和2份沙土比例配制，再加入适量腐熟饼肥作基肥。翻盆换土时，对根系要进行修剪，剪去腐根、烂根及过长的须根。要使盆栽的八仙花株型美、多开花，就要对植株进行修剪。八仙花生长旺盛，耐修剪。一般可从幼苗成活后，长至10～15 cm高时，即作摘心处理，使下部腋芽能萌发。然后选萌芽后的4个中上部新枝，将下部的腋芽全部摘除。新枝长至8～10 cm时，再进行第二次摘心。八仙花一般在两年生的壮枝上开花，开花后应将老枝剪短，保留2～3个芽即可，以限制植株长得过高，并促生新梢。秋后剪去新梢顶部，使枝条停止生长，以利越冬。经过这样的修剪，植株的株型就比较优美，增强了观赏价值。

八仙花可用扦插法或分株法进行繁殖。扦插宜在春夏进行，用一年生枝条，截成10～15 cm长作插穗，插在沙床中，约20天生根，后移植在盆中培养。分株繁殖宜在早春植株萌发前进行，可根据母株根势将其分开成数株，剪除朽根和过长根，移植于事先准备好的盆中进行培育管理，同时进行修枝。

主要病害有萎蔫病、白粉病和叶斑病，用代森锰锌可湿性粉剂喷洒防治；虫害有蚜虫和盲蝽，可用氧化乐果乳油喷杀。

135．宝莲花

宝莲花，又名珍珠宝莲，为野牡丹科酸脚杆属，原产地东南亚热带雨林。穗状或圆锥花序下垂，花外有粉红或粉白色总苞片，小花直径约2.5 cm。果实圆球形，顶部有宿存的萼片。其花、叶、果观赏效果俱佳。

宝莲花喜高温多湿和半阴环境，不耐寒，忌烈日暴晒，要求肥沃、疏松的腐叶土或泥炭土，冬季温度不低于16℃。宜作大、中型盆栽。每两年换盆一次，换盆时关键要选配好培养土，可选用下面的一种：菜园土与炉渣，比例为3∶1；或者园土、中粗河沙和锯末，比例为4∶1∶2。

肥水管理要分季节进行，春、夏、秋三季，是它的生长旺季，肥水管理按照花肥——清水——花肥——清水顺序循环，间隔周期为1～4天，晴天或高温期间隔周期短些，阴雨天或低温期间隔周期长些或者不浇。冬季是休眠期，主要是做好控肥控水工作，间隔周期为3～7天。

修剪要在冬季植株进入休眠或半休眠期进行，把瘦弱、病虫、枯死、过密等枝条剪掉，也可结合扦插对枝条进行整理。

繁殖常用扦插法和播种法。扦插，在初夏6～7月或秋季9～10月进行，选取半木质化嫩枝15～18 cm长，插于泥炭苔藓中，20～25天后愈合生根，当年可移栽上盆。播种，8月采种，采后即播或翌年春天播。

病虫害的防治，有时发生叶斑病和茎腐病，用甲基托布津可湿性粉剂喷洒。虫害有粉虱和介壳虫危害，可用氧化乐果乳油喷杀。

136. 西番莲

西番莲，又名鸡蛋果、百香果、热情果、巴西果等，为西番莲科西番莲属，原产地热带美洲。夏季开花，花大，淡红色，微香。

西番莲喜温暖、阳光充足且通风良好的环境。对土壤要求不严，但在肥沃、腐殖质多、排水良好的土壤上生长良好。室内盆栽需要盘绕铁圈。喜全日光，若光线不足，植物不会开花，生长适温为16～21℃，冬季不得低于10℃．炎热夏季需大量浇水并适当遮阴，但是切勿使盆内积水以免烂根。冬季适量浇水防止土壤干燥即可。夏季每2周施1次液态肥。

繁殖常用扦插法，扦插时选取健壮充实的枝蔓作材料，每条插枝以2节或3节最佳，下切口离节间1 cm，插时插条留半片至一片叶，把卷须全部剪去，有利于节约养分。如果用3 000～10 000倍生根液浸插条基部，有利于生根。

西番莲少有虫害，常见病害有根腐病、疫霉病和炭疽病，可用敌克松或甲基托布津防治根腐病和炭疽病，可用瑞毒霉、代森锰锌喷雾或涂抹防治疫霉病。

137. 倒挂金钟

倒挂金钟，又名吊钟海棠、灯笼海棠，为柳叶菜科倒挂金钟属，原产地秘鲁、智利、墨西哥等中美洲地区。花单生枝端叶腋间，梗长，萼筒钟状或筒状，常倒垂。花色有粉红、紫红、杏黄、白等色，四季开花，春秋最盛。

倒挂金钟艳丽多姿、婀娜别致、小巧可爱。

要养护好倒挂金钟应注意以下几点：

⑴ 要选用疏松肥沃、排水良好且富含腐殖质的沙质土壤作基质，可用腐叶土、烧熟的炉渣灰、腐熟的有机肥料以4:3:2的比例混合配制；也可用泥炭土、珍珠岩、沙质腐叶土混合栽培。春、秋季要适当松土。

⑵ 要避免强烈光照直射，特别是夏季高温期，要适当遮阳50%左右，或置于半阴、散射光照处，否则会因光照强烈而造成叶片皱缩，甚至死亡。盆栽倒挂金钟可置于室内避开强光通风处越夏。冬季则需要较好的光照，这样花色才更加鲜艳。

⑶ 要选择适宜的地方，其生长最适温度为15～25℃，高于30℃就会影响枝叶的正常生长，高于35℃时易枯萎死亡。冬季需要保持环境温度在10℃以上，5℃以下易受冻害。

⑷ 要以见干见湿为浇水原则，盆土表面不干不浇，浇即浇透，开

花期过干或过涝皆会引起落花、落蕾、落叶。夏季高温期，则进入半休眠状态，此时需要控制浇水，让盆土保持干燥，在盆土干透后浇水，并且不能浇水太勤，完全休眠后，可不浇水。修剪摘心时，也要适当控制浇水，待枝叶重新生长出来后，再正常浇水。

⑸ 春、秋两季为生长旺盛期，要结合松土，每10天左右浇灌1次薄肥水，夏季进入半休眠状态后，要停止施肥。25℃左右时就要减少施肥，15℃以下或30℃左右时禁止施肥。

⑹ 适时进行修剪整形，以促进分枝丰满株型，增加开花量。摘心时要注意留芽的方向和小枝的长度，使株形丰满匀称。并且要经常转换摆放方向，向阳性会导致株形偏长。

⑺ 繁殖可采用扦插和播种的方法进行。扦插全年均可，以春、秋两季最适宜，成活率高。播种以春、秋为宜，春季播种的小苗，翌年可开花。

⑻ 病虫害主要有蚜虫和粉虱危害，可喷施乐果乳油或蚜虱净防治。

138. 蟹爪兰

蟹爪兰，又名圣诞仙人掌、仙指花，为仙人掌科蟹爪兰属，原产地南美。因节径连接形状如螃蟹的副爪，故名蟹爪兰，常见花色有大红、粉红、杏黄和纯白色。

蟹爪兰性喜湿润温暖和半阴的环境，不耐寒，温度在25℃时生长最快，冬季温度不得低于10℃。

盆栽蟹爪兰需肥沃的腐叶土、泥炭、粗沙的混合土壤。蟹爪兰属短日照植物，在短日照条件下才能孕蕾开花。平日要保持通风凉爽，温度过高或空气干燥，对茎节生长均不利，有时发生茎节萎缩死亡。生长期每半个月施肥1次。秋季增施1～2次磷钾肥。嫁接新枝，在浇水、施肥时，注意不溅污嫁接愈合处，以免发生腐烂。当年能开花20～30朵，培养2～3年后每盆能开上百朵，花期可持续2～3个月，单花一般开放1周后凋萎。花后一般出现较短的休眠状态，应控制浇水，停止施肥，待茎节长出新芽后，再行正常肥水管理。

常用扦插、嫁接法进行繁殖。扦插繁殖可选择健壮、肥厚的茎节，切下1～2节，放阴凉处2～3天，待切口稍干燥后再插入沙床，基质为比例4∶1的泥炭和沙。插后2～3周开始生根，4周后可盆栽。嫁接繁殖，常在5～6月和9～10月进行，砧木用量天尺、虎刺，需大盆栽培的选用梨果仙人掌。接穗以2～3茎节为宜，下端削成鸭嘴状，与砧木的楔口接合，用仙人掌长刺或消毒的牙签插入固定。一般一株砧木可接3个接穗，每个接穗相距120°。嫁接后植株放半阴处养护，保持较高的空气湿度。如嫁接后10天内接穗仍保持新鲜硬挺，即已愈合成活，1个月后可转入正常管理。

蟹爪兰常发生炭疽病、腐烂病和叶枯病危害叶状茎，可用多菌灵可湿性粉剂，每旬喷洒1次，共喷3次。发生介壳虫危害时，可用竹片刮除，严重时用亚胺硫磷乳油喷杀。

139. 月季花

月季花，又名月季、月月红、月贵花、四季花、胜春、庚客、艳雪红等，为蔷薇科蔷薇属，原产地中国。品种较多，按花色分有红、黄、白、橙、蓝、绿和复色等类型；按开花期分有四季种、两季种和一季种；按园艺分类可分为九类：中国月季、微型月季、十姊妹型月季、多花型月季、特大多花型月季、单花大型月季、藤本月季、树型月季、野生型月季。其中十姊妹型最常见，一株可开花50多朵以上，香味淡雅，四季常开。单花大型，以花型巨大为特色，每朵花直径可达20 cm，花瓣丰满，色彩鲜艳，香味浓烈，最受人欢迎。

月季属强阳性植物，喜温暖，最适温度是20℃左右，在10℃以下就会落叶，停止生长。在春、冬季，浇水量要少，夏季必须适时浇水，保持土壤湿润。月季花好肥，在生长季节和开花后要及时追肥，秋后要适当控肥。每年换盆1次，一般在春季发芽前进行。

要使盆栽月季生长健壮，株型美观，花朵艳丽，除肥水管理要及时跟上之外，关键是做好花期修剪。一是花前抹芽。盆栽月季不能留芽过多。冬天修剪后的枝条，开始每个枝条上留2～3个芽，待新芽长到3～4 cm时，一般枝条选留一个花芽，粗壮的枝条也可留1～2个芽，整盆月季也只能留4～6个花芽，并且还要分布均匀。二是花后截枝。每开完一茬花，应及时将花枝从基部的3～5片叶

处短截，剪的部位在向外伸展的叶芽约1 cm处，同时还要剪除病枝、枯枝、侧枝、内向枝，使养分集中促发健壮的新枝，这样盆栽月季株型就会紧凑，开花也会集中，使花朵开得又大又艳。

繁殖常用扦插法，多在春季5～6月或秋季9～11月进行，秋季扦插苗木当年不能上盆，幼根不发达，抗寒能力差，要做好冬季防冻工作。扦插用的土壤要选择排水性能良好的壤土，掺入30%的垄糠灰，拌均后使用，在生长健壮的月季母株上选择当年无病的新枝条，剪成7～15 cm，插条要带踵，剪下枝条最好带叶片，可以提高成活率。插条入土不宜过深，以插条全长1/3入土为宜，插好后要浇一次透水，移到通风，光照好的地方进行培育。晚春与早秋扦插时，由于插后光照强烈，温度较高要做好遮阴，中午前后避免日光直射，能接受到漫射光线照射，早晚又能受到阳光的斜射，有利于插条生长良好。

月季常见病虫害的防治。发生蚜虫和红蜘蛛，用乐果或菊酯类杀虫剂喷杀，隔周1次，重复3～4次，注意要喷及叶背面；此外，还易遭受刺蛾、尺蠖、金龟子的危害，量少时可人工捕杀，量多时可用药物喷杀。白粉病是月季花易染患的病，防治方法，一要注意通风，不要栽得太密，空气不要太潮，增加光照，多施磷肥；二可喷洒甲基托布津、多菌灵等可湿性粉剂防治。

140．虎刺梅

虎刺梅，又名铁海棠、麒麟刺、麒麟花，为大戟科大戟属，原产地马达加斯加。虎刺梅灰绿色的干枝带刺，枝上疏生鲜绿色匙形或倒卵圆形叶片，枝端开出鲜红、玫红的小花。四季均开花，冬季开花最好，花色鲜艳，形姿雅致，栽培容易，是人们喜爱的花卉。

虎刺梅喜温暖湿润和阳光充足环境。耐高温、不耐寒。以疏松、排水良好的腐叶土为最好。冬季温度不低于12℃。

盆栽每年春季换盆，浇水不宜过多。夏季可每天浇水一次，雨季防渍水，冬季不干不浇水，盆内不宜长期湿润；花期也要控制水分，水大易引起落花烂根。花前阳光充足，可花开鲜艳夺目，经久不谢，光照不足，则花色暗淡，长期置阴处，则不开花。生长期每隔半个月施肥1次，立秋后停止施肥，忌用带油脂的肥料，防根腐烂。冬季温度低，叶片脱落，进入休眠期，应保持盆土干燥。土壤湿度保持适中能花开不断，如果冬季室温在15℃以上，可继续开花。植株生长过于拥挤茂密时，可在春季萌发新叶前加以修剪整枝。

繁殖以扦插为主。整个生长期都能扦插，但以5～6月进行成活率高。选取上年成熟枝条，剪成6～10 cm一段，以顶端枝为好。剪口有白色乳汁流出，用温水清洗晾干后，再插入沙床。保持稍干燥，插后约30天可生根。

病害主要为茎枯病和腐烂病，可以用克菌丹，每半个月喷洒1次。虫害有粉虱和介壳虫危害，用杀螟松乳油喷杀。

141. 茉莉

茉莉，又名茉莉花，为木犀科茉莉属，原产地印度、巴基斯坦。花冠白色，极芳香，花期6～10月。

茉莉喜用酸性土培植，可用园土、堆肥、山黄沙、草木灰以4:4:2:1的比例混合配制。上盆时间宜在4～5月，不可过早。夏季高温季节生长旺盛，需多见阳光。若光照不足，则会造成叶片变大变薄，叶色变为淡绿，花少且香气差。在生长旺盛季节，需要大水大肥，则可促其生长旺盛、花多、花香。除生长季节需给大水，其余季节则应适当控水，不使盆土过湿。茉莉畏寒冷，霜降前放置于向阳处养护，室温不应低于8℃，温度过低时可套塑料袋防风、防冻。

茉莉常会出现叶色变淡、变黄，大量落叶，影响开花，严重时甚至死亡。主要原因是：长期放在室内，不见或少见阳光；盆土长期过湿，通透性不好、缺氧，导致根系腐烂；未及时更换盆土，未及时施足肥料，土壤肥力不足；土壤呈现碱性。解决办法是勤换土，勤施肥，充分接受阳光。如浇水水质偏碱，可于生长季节定期用千分之二左右的硫酸亚铁水施用，以改变土质的酸碱度，使其保持在微酸性范围内。

除此还应注意：一是每次花谢后要及时摘除残花，适当修去过长枝，还应施1次肥。二是春天要及时换土，

摘除来年老叶，修去过长枝，约留10 cm即可，剪除病枯枝、过密过细枝，以促健壮新枝条萌发。到9月上旬应停止施肥，以利枝条木质化，有利于越冬。

繁殖多用扦插法或压条法。扦插繁殖于4～10月进行，选取成熟的1年生枝条，剪成带有两个节以上的插穗，去除下部叶片，插在泥沙各半的插床，覆盖塑料薄膜，保持较高空气湿度，经40～60天生根。压条繁殖，选用较长的枝条，在节下部轻轻刻伤，埋入盛沙泥的小盆，经常保湿，20～30天开始生根，2个月后可与母株割离成苗，另行栽植。

茉莉花主要病害有茉莉茎腐病，可用甲基托布津或用福美双液喷洒防治；白绢病，可用粉锈宁或甲基立枯磷可湿性粉剂拌细土撒在病部根茎处防治，也可在植株基部及周围土壤中喷洒代森铵防治，7天1次，连续2次。虫害有茉莉叶螟，可用敌百虫可湿性粉剂喷杀；棉红蜘蛛，可用三氯杀螨醇乳油、三氯杀蜗砜可湿性粉剂或氧化乐果喷雾防治，每隔7天喷1次，喷2～3次即可，喷药时，应对叶背面喷，并注意喷洒植株的中、下部的内膛枝叶。

142. 桂花

桂花，又名木樨、九里香、岩桂，为木犀科木犀属，原产中国南部。花簇生叶腋或顶生聚伞花序，黄色或白色，极香，花期中秋。果实为紫黑色核果，俗称桂子。桂花的品种很多，常见的有四种：金桂、银桂、丹桂和四季桂。桂花味辛，可入药，有散寒破结、化痰生津的功效。

桂花在冬季不可温度过高，一旦高温，会提前萌芽抽梢，枝条细弱，春季易遭干旱袭击梢枯。因此，冬季应保持低温，使其休眠充分，次年才能茁壮生长，叶茂花繁。桂花喜强光，耐半阴，如阴湿过度，易产生煤烟病，引起落叶、徒长，枝梢瘦弱，花芽分化不良，进而影响开花，或者不能开花。桂花要求较高的肥水条件，要求每1次梢萌发前施1次以氮为主的肥料，时间在12月、6月与9月。每1～2年换盆1次，保持盆土肥沃、富含有机质、呈微酸性。如叶片发黄，浇施硫酸亚铁。要避免氮肥过多，防止徒长，增补磷、钾肥，提高花质，增浓香气。忌干旱，经常保持盆土50%～60%的湿度，暑热天以60%～70%为度，水分过多易烂根、落叶，甚至造成生理病害。桂花最怕烟尘污染，在有煤烟、尘埃污染的环境中，叶片会失绿变小容易脱落，甚至不开花。如有灰尘玷污，要喷水洗叶。

盆栽桂花的繁殖多在夏至到入伏前用靠接进行。早春先将小叶女贞上盆栽植，然后与桂花树上粗细相近的枝条靠接，白露前后将接穗剪离母体，同时将砧木接口上面的枝条剪掉。

桂花常易发生炭疽病、褐斑病、煤烟病等，可用甲基托布津、代森锰锌可湿性溶剂喷洒防治；易发生虫害为黑刺粉虱、介壳虫、衰蛾、刺蛾、蚱蝉、桂花叶蝉等，可用氧化乐果乳油、呋喃丹等药物防治。

143. 三角花

三角花，又名叶子花、九重葛，为紫茉莉科三角花属，原产地南美洲的热带地区。花生于新梢顶端，常3朵簇生于3枚较大的苞片内，苞片椭圆形，形态似叶，有红、淡紫、橙黄等色，俗称之为花。花梗与苞片中脉合生，花被管状密生柔毛，淡绿色，花期4～10月。

三角花性喜温暖、湿润和阳光充足环境。不耐寒，耐高温，怕干燥。生长适温为15～30℃，夏季耐35℃高温，冬季温度不低于7℃，开花需15℃以上。3℃以下叶片易遭冻害。

盆栽三角花以肥沃、疏松和排水良好的沙质壤土最为适宜，可用腐叶土、培养土和粗沙混合配制。在生长期每半个月施肥1次。花后需修剪整形，将枯枝、密枝以及顶梢剪除，促进更多新枝。5～6年还需短截或重剪更新。

三角花对水分的需求量较大，特别是盛夏季节，水分供应不足，易产生落叶现象，直接影响植株正常生长或延迟开花。夏季盛花期浇水应及时，花后浇水可适当减少。如土壤过湿，会引起根部腐烂。

常用的繁殖方法为扦插法和压条法。扦插繁殖于6～7月花后剪取成熟的木质化枝条，长20 cm，插于沙床或喷雾插床，插后30天生根。压条繁殖在6～7月进行，一般采用高空压条法，在离顶端15～20 cm处，进行环状剥皮，宽1.5 cm，包上腐叶土并用塑料薄膜包扎，约2个月可愈合生根，于秋季盆栽。

常有叶斑病危害，用代森锰锌可湿性粉剂喷洒；虫害有刺蛾和介壳虫危害，用敌杀死乳油、氧化乐果乳油等喷杀。

144．杜鹃花

杜鹃花，又名映山红、山石榴、山踯躅、红踯躅、山鹃、杪椤花等，为杜鹃花科杜鹃花属。花裂成五瓣，漏斗形或钟形，鲜红或深红色，早花品种10月开花，中花品种1月开花，迟花品种2月开花，花期有3个月左右。

杜鹃按亲本来源、形态性状，分为东鹃（春鹃、东洋鹃）、西鹃、毛鹃、夏鹃、春夏鹃等类型。以下是常见的杜鹃品种：

⑴ 石岩杜鹃，东鹃的代表品种。花期在4月初至5月中旬，橙红或鲜红色，花多叶少，簇生，有大、小花之分。冬季落叶或半落叶。植株生长健壮、迅速。其他主要品种有“笔止”、“雪月”、“新天地”、“四季之誉（一年开2次花）”等。

⑵ 锦袍，西鹃中的栽培品种。叶色青翠，经久不凋，长势强健。花大色艳，花期早而长，分期开放，重瓣花，花色、花形均美。其他栽培品种还有“皇冠”、“天女舞”、“四海波”。

⑶ 纯比利时，西鹃中的新品种。花色纯白，绿芯，重瓣，大花型。四季开花。繁殖能力强，生长势强，抗病能力强。

⑷ 锦绣杜鹃，毛鹃中的代表品种。常绿灌木，高达2 m，叶椭圆形至椭圆状披针形或倒披针形。花期5月。花色有玫瑰色等，重瓣、复瓣，大花。

⑸ 皋月杜鹃，夏鹃的主要亲本品种。花期在6月，甚至7～8月。株型小，成枝力强。花朵大，花色有红、紫、粉等色，花重瓣程度高，传统品种有“大红袍”、“长华”、“五宝绿珠”等。

(6) 马银花，春夏鹃的代表品种。常绿灌木，株高2～4 m。叶卵形。花单生于枝顶叶腋间，花色淡紫、白、粉红等，且有斑点。花期4月。

杜鹃花在室内应放置于半阴处，避免强光直射，避开干燥、高温的环境。冬季最低温度保持8℃以上。浇水保证盆土湿润，每7天浇1次透水，还应注意提高空气湿度，要经常向植株周围喷洒清水，空气湿度在70%以上就能生长良好。

能否养好杜鹃，关键在于盆土。杜鹃属酸性土花卉。可把败落的松针堆放腐熟后，加入少部分田园土混合上盆，或到市场上去购买酸性土上盆，尽量不用自来水浇灌，应用凉开水浇灌或定期加入少量硫酸亚铁稀释液（0.1%左右）。长期使用硫酸亚铁，土壤容易板结，这时要松松土。开花前把花苞旁的芽摘掉，否则花不易开。花脱落后，把花萼摘掉。

繁殖常用扦插法，选用当年已成熟新梢，挑节间短而粗壮者作为插穗，长3～4 cm。插时顶端留下3～5片叶子，再将叶片剪去一半。插后保持空气湿润及室温25～30℃，注意遮阴，1个月后可生根。

杜鹃常见病害有黑斑病，展叶期可15天喷洒波尔多液1次，连续喷洒3～4次，开花前后用甲基托布津或多菌灵可湿性粉剂喷洒预防，每7天1次，连续2～3次；黄化病，补充微量元素，春季新枝萌发阶段，叶面喷洒0.1%～0.5%的硫酸亚铁1次，夏季发病高峰期间，每隔10～15天喷洒1次，连续2～3次；茎基腐病可喷洒甲基托布津、多菌灵、波尔多液防治；红蜘蛛可用三氯杀螨醇喷杀；网蝽可用螟松乳剂喷杀，7～10天1次，连续喷洒2～3次；蚯蚓、蛞蝓，可用呋喃丹、铁灭克等防治。

145. 扶桑

扶桑，又名朱槿、佛桑，为锦葵科木槿属，原产地中国福建、广东、云南、台湾、浙江南部和四川等。花冠漏斗形，淡红色或玫瑰红色，雄蕊柱较长，伸出花冠外，花期6～7月。

扶桑喜光，阴处也可生长，但少开花。喜温暖湿润气候，不耐寒，在气温15～20℃条件下，全年开花不断。水分过多时叶易黄落。

盆栽用土宜选用疏松、肥沃的沙质壤土，每年早春4月移出室外前，应进行换盆。换盆时要换上新的培养土，剪去部分过密的卷曲的须根，施足基肥，盆底略加磷肥。

为了保持树形优美，着花量多，根据扶桑发枝萌蘖能力强的特性，可于早春出房前后进行修剪整形，各枝除基部留2～3芽外，上部全部剪截，剪修可促使发新枝，长势将更旺盛，株形也亦美观。修剪后，因地上部分消耗减少，要适当节制水肥。

扶桑多采用扦插繁殖，室外栽培结合早春修剪于5～6月扦插，室内扦插一般在早春1～2月结合修剪进行，沙作基质，效果更好。

扶桑病虫害较少，有时因通风、光照差会发生蚜虫及介壳虫。发现后应立即捕杀，或用氧化乐果乳油喷洒杀灭。

146. 米兰

米兰，又名木珠兰、碎米兰、鱼子兰、树兰等，为楝科米仔兰属，原产地中国南方及东南亚。花小似粟米，金黄色，杂性异株，圆锥花序腋生，新梢开花，盛花期为夏秋季，开花时清香四溢。

米兰喜温暖、湿润气候，喜光，喜肥，怕旱，怕涝，忌寒冷，也耐半阴。

米兰刚上盆时浇一次透水后，半个月内宜少浇水，以促使发新根。夏季气温高、蒸发量大，浇水量宜稍大；开花期浇水量要适当减少，以免引起落蕾。秋后天气转凉，生长缓慢，应控制浇水量。适当多施一些含磷质较多的液肥，能使米兰开花多，花香浓郁，色彩金黄。

一般两年需翻盆换土1次，宿土不要打碎，在无根处去除部分陈土，剪去烂根。加新土时，适当加一些磷肥作基肥，不可太多。上盆后放阴凉处养护，约1周后移置向阳处。

米兰怕寒，越冬较难。气温在12℃以下进入休眠期，应停止施肥，减少浇水。温度保持在10～12℃。为保护叶片，适当用温水喷洒枝叶，如果气温低，还可用塑料袋罩一段时间，但上方要留孔透气。中午可搬出晒晒太阳，晚上再搬回；盆花放在室内时，逐渐打开窗户等。

繁殖米兰多采用高位压条法与扦插法进行。一般在夏季的梅雨季节繁殖米兰较好，因此时温度高、湿度大，繁殖容易成活。

米兰的病害有茎腐病、炭疽病等；虫害有白蛾蜡蝉、蚜虫、红蜘蛛、介壳虫等。可选择适当的药物进行防治。

147．繁星花

繁星花，又名星形花、雨伞花、草本仙丹花等，为茜草科五星花属，原产地中东、非洲热带地区。聚伞花序，茎顶生，小花星形，筒状，有红、紫、粉红、白等色，花期5～10月。

繁星花喜高温，耐旱，怕涝。生长适温为25～30℃，适合栽培于富含有机质且排水需良好的沙质土壤中，全日照半日照均发育良好。

盆栽繁星花使用无菌、稍含肥料且排水良好的泥炭土为佳。温暖而日照充足有助于繁星花的生长，生长期间，宜保持夜温在17～18℃以上，日温22～24℃以上。温度低于10℃，会使开花不整齐并延迟或妨碍花朵的开放。繁星花喜日照充足的环境，光线愈强，植株愈紧密、矮壮。因此在弱光、短日照的冬季，应注意补充光照。繁星花较耐旱，但不耐水湿。生长期间不宜过度浇水，同时应避免栽培基质积水，以免诱发根腐病。浇水时，水温不宜过低，尤其是炎热的夏季，要使用晒过的水浇花。

常用繁殖方法为播种或扦插法，全年均可施行，以春、秋两季最佳。选取半成熟枝条，长8～10 cm，扦插室温为24～30℃，插入沙床，插后40～50天生根。如扦插前，使用0.5%吲哚丁酸溶液浸泡插穗基部3～5分钟，可缩短生根期，根系特别发达。

繁星花的主要病害有灰斑病、灰霉病等，可用甲基托布津、波尔多液等喷洒防治。主要虫害有红蜘蛛、白粉虱和蚜虫等，可用虫螨克和一遍净等喷杀。预防方法主要是保持栽培场所的清洁，使用无菌的土壤、栽培基质和盆钵等。

148．龙船花

龙船花，又名英丹、仙丹花、山丹、英丹花、水绣球、百日红等，为茜草科龙船花属，原产地中国南方地区和马来西亚。花色丰富，有红、橙、黄、白、双色等颜色，花期夏秋季，常开不败。

龙船花性喜温暖、湿润和阳光充足环境。不耐寒，耐半阴，不耐水湿和强光。茎叶生长期需充足水分，但长期过于湿润，容易引起部分根系腐烂，影响生长和开花。如土壤过于干燥或时干时湿，水分供给不及时，会产生落叶现象。

盆栽龙船花以肥沃、疏松和排水良好的酸性沙质壤土为佳。雨季要注意倒盆排水，栽培期间不可太湿，过分潮湿对开花不利，甚至落叶、烂根。每年翻盆换土1次，加施基肥，生长期再追施液肥2～3次，开花期间用浓度为0.2%的磷酸二氢钾每周施一次。8℃以上的室内可使其休眠，安全越冬，春季翻盆时，对上部枝条宜进行短截，促使萌发新枝。

常用的繁殖方法为扦插法。于每年春暖后3～10月均可进行扦插繁殖。选取一年生健壮枝条，剪成10～15 cm为一段，除去基部叶片，扦插于沙床，约50天出根，出根10天后即可移植或上盆，放半阴处养护，待成活后，再移至阳光充足处养护。抽芽后再施追肥。生长期每月施追肥2次。苗高15～20 cm，应剪顶1次，促其多发侧枝，早日丰满成形。

常有叶斑病和炭疽病危害，可用抗菌剂喷洒。虫害有介壳虫危害，可用氧化乐果乳油喷杀。有时发生蚜虫危害幼嫩茎叶，用鱼藤精乳油喷杀。

149. 栀子花

栀子花，又名黄枝、山栀、黄栀子、玉荷花等，为茜草科栀子属芳香植物，原产地中国南方。栀子花洁白，花香浓郁，花期5～7月，随品种不同可延至8月，根、叶、果实均可入药，有泻火除烦，清热利尿，凉血解毒之功效。另外，栀子叶长绿，具有抗烟尘、抗二氧化硫能力，是一种理想的环保绿化花卉。

养护栀子花要把握以下几点：

⑴ 栽培用土可选腐叶土、泥炭土或沤制锯屑加一半的园土，忌用陈墙土和煤渣，用市售的君子兰土更加方便实用。

⑵ 适时浇水，在4～9月生长期要保持盆土湿润，盆土表面见干就浇水，晚上可用喷壶向叶面淋水浇施。如干透萎蔫，会对生长不利。生长过旺、节间较长的，晚上不浇水，早上太阳出来再浇水。每隔5～8天，用每升中加入0.5 g柠檬酸、1 g硫酸亚铁的水溶液浇透水1次，可使叶片油润碧绿。

⑶ 生长季节用饼肥加硫酸亚铁沤制的矾肥水每周浇1次，也可用0.1%腐殖酸全营养有机液肥。现蕾期浇1～2次0.1%磷酸二氢钾水溶液，可使花朵肥大、花香浓郁。酷暑期气温35℃以上和秋季15℃以下时停止施肥。

⑷ 多晒太阳，除7～8月中午强光需遮阴和冬季休眠期外，一般都需放阳光下养护，才能花繁叶茂。

(5) 繁殖可用漂浮水插法，首先找泡沫板一块，并往上打孔，将栀子花当年半熟枝剪下，插入泡沫板的孔中，然后将泡沫板放入装满水的桶中，将桶放在既能让漂板穗条遮阴，又能让阳光照射水桶的环境，将水温控制在18～25℃，栀子花7天即能长出3 cm以上的根。

(6) 适时换盆土，原则上小苗用小盆栽，逐渐换入大盆，生长季节随时可换。倒盆后剪去部分老根，抖掉一半旧土，用新土栽入盆中后浇透水，放温暖半阴处，有新芽萌动时放阳光下养护。

(7) 适当修剪。大花栀子小苗在主干20 cm高处打去顶尖，留3～4个分枝，分枝2对叶片时再打去顶尖，促发分枝，以后可任其生长。小叶栀子不需打顶。每年开花后轻修剪，剪去内膛枝、病弱枝，个别徒长枝短截。切记栀子花春季不可短截枝顶，否则当年不会开花。

(8) 病虫害防治。对介壳虫，可用竹签刮除，也可用石油乳剂喷雾防治。对煤烟病，可用清水擦洗，或用多菌灵进行喷洒防治。除此还易发生黄化病，因缺肥引起的黄化病从植株下部老叶开始，逐渐向新叶蔓延，因缺氮引起的单纯叶黄，新叶小而脆，因缺钾引起的老叶由绿色变成褐色，因缺磷引起的老叶呈紫红或暗红色。对以上诸种情况，可追施腐熟的人粪尿或饼肥。因缺铁引起的，表现在新叶上，开始时叶片呈淡黄色或白色，叶脉仍是绿色，严重时叶脉也呈黄色或白色，最终叶片会干枯而死。可喷洒硫酸亚铁水溶液进行防治。因缺镁引起的，由老叶开始逐渐向新叶发展，叶脉仍呈绿色，严重时叶片脱落而死，可喷洒硼镁肥防治。

150．瑞香

瑞香，又名睡香、露甲、瑞兰、蓬莱花、千里香、雪花皮、山棉皮等，为瑞香科瑞香属，原产地中国。树态婆娑、枝叶茂盛，叶色浓绿，花朵素雅，行若丁香，花白如玉，祥瑞如雪，气盛幽兰，堪称花中之珍，春节期间开放，瑞气临门，吉祥如意，令人欢快。

瑞香有药用价值，花、根、叶均可入药，瑞香味甘、咸、性平。具有活血化瘀、理气止痛、祛风胜湿的功效。

盆栽瑞香的养护应注意以下要点：

⑴ 安全越夏是关键。由于瑞香忌太阳直射和高温灼热，又怕雨淋、热风吹，因此，不宜放在室外养护，应放在室内通风阴凉处，且每天需进行喷水降温，并注意剪除徒长枝。

⑵ 安全越冬亦重要。由于瑞香不耐寒，冬季应放在室内阳光充足的地方，室内温度需保持在8℃以上。

⑶ 适时换盆，通常每隔2年左右，在春季3月间换盆1次，新换上的盆土应取酸性土，或带酸性的人工基质，并掺入约占盆体容积5%的黄沙以利排水。盆底四周宜适量加入已腐熟充分的有机肥料。

⑷ 适量浇水，夏天应每天浇水1次（傍晚或清晨浇），立秋以后应适当减少浇水，冬季应待盆土干后才能浇水。

⑸ 繁殖以扦插为主，初春、晚秋都可进行，梅雨季节最好。

⑹ 瑞香抗病性较强，偶有蚜虫、红蜘蛛为害，可喷洒相关药物进行防治。

151. 山茶花

山茶花，又名茶花，为山茶科山茶属，原产地中国。山茶花花姿丰盈，端庄高雅，是中国传统十大名花之一，目前已有品种达300多个，花期因品种不同而不同，从10月至翌年4月间都有花开放，成为冬季花卉市场主要的盆栽观赏花木之一。山茶花植株具有很强的吸收二氧化碳的能力，对二氧化硫、硫化氢、氯气、氟化氢和烟雾等有害气体，都有很强的抗性，因而能起到净化室内空气的作用。

盆栽山茶花的管理主要应要做到“六忌”：

⑴ 忌烈日曝晒。山茶花喜半阴半阳的环境，喜温暖湿润。它生长的最适温度是15～25℃，所以适宜在夏季有半阴或散光，冬季南面受全光。夏季高温时要在枝叶上及其周围喷洒水雾，降温防燥。6～9月间则要遮阴。

⑵ 忌改变方向。山茶花适应性较差，在4～9月间抽芽长蕾时期不能随意移动盆的位置，以免原来靠阴面的叶片突然接触强光而凋落。

⑶ 忌用碱性土壤。山茶花根肉脆弱，要用土壤疏松排水良好的微酸性土壤。而且盆土最好二三年换一次，换盆时注意下垫基肥，可用少量的骨粉或含磷酸钙的物质。换盆时间选在“雨水”至“立夏”两个季节之间进行为好。

⑷ 忌浇水过多。山茶花为肉质根、浇水过多容易烂根，必

须适量。干旱高温时要每天向叶面喷水两次。

⑸ 忌施浓肥。施肥以磷钾肥为主，氮肥为辅。夏、秋20天左右施1次，以促使山茶花生长旺盛，植株健壮。

⑹ 忌强度修剪．它的花、叶、芽发育时间较长，树冠形成也比较均匀。基本上不需特殊修剪．只要剪去病虫枝、过密枝、弱枝和截短徒长枝即可。

常用扦插和压条方法进行繁殖，扦插可于5月中、下旬或8月下旬到9月初进行。气温控制在25℃左右，插穗应选取叶片完整、叶芽饱满和无病虫害的当年生半成熟枝，插穗长度一般4～10 cm，先端留2个叶片，剪取时要带踵，插穗入土3 cm左右，浅插生根快，深插发根慢，插后要喷透水，从扦插至生根，一般需要30天左右。扦插前期要保持足够的湿度，切忌阳光直射，并注意叶面喷水，保持叶面经常覆盖一层薄薄的水膜。生根后，要逐步增加阳光。压条可于梅雨季选用健壮的一年生枝条，离顶端20 cm处，行环状剥皮，宽1 cm，用腐叶土缚上后包以塑料薄膜，约60天后生根，剪下可直接盆栽。

山茶花主要病害有炭疽病，可用百菌清喷洒防治，每7天1次，连续喷3～4次；枯枝病，可用甲基托布津、多菌灵、百菌清等杀菌剂喷施防治；赤叶斑病，可用甲基托布津或者灭菌丹喷洒防治；主要虫害有蚜虫、介壳虫，可用氧化乐果乳剂喷杀，每3～5天喷洒1次，连续3次；茶梢蛾，可用敌百虫或杀螟松、氧化乐果等喷洒防治；茶尺蠖，可用敌百虫、亚胺硫磷、杀灭菊酯、辛硫磷进行喷雾防治。

怎样养护观叶类花卉

152. 彩叶草

彩叶草，又名老来少、五色草、锦紫苏、洋紫苏等，为唇形科鞘蕊花属，原产于印度尼西亚爪哇等亚太热带地区。彩叶草叶面发皱，叶色有黄绿、深绿、大红、褐红、紫红、黄、淡黄、橙黄、褐紫等，是观叶植物中较靓丽的品种。

彩叶草盆栽以小型为好，一般成苗上内径10 cm筒盆，经20～30天养护，株高达15 cm即可摆放观赏，放置在南窗口漫射光线较强处，保持盆土干湿适度，空气清新，环境清洁。全年可追施稀薄液肥3次。如果主茎生长过高应及时摘心。在不采收种子的情况下，最好在花穗形成的初期把它摘除，因为抽穗以后株姿大多松散失态，降低观赏效果。越冬期间结合更新老株，翻盆换土。

彩叶草的小坚果成熟后很容易自然脱落，故应于萼片变黄时把花穗逐个剪下来脱粒，落地种子虽有一些能萌芽出苗，但因不能耐寒，故起不到自播繁衍的作用。

繁殖常用播种法和扦插法，播种于3～4月进行，发芽适温20～25℃，播于花盆内，播后盆上扣塑料膜保湿，约10天即可发芽，待真叶长至2～3片时，即可分栽；扦插，剪一段约10 cm的健康顶芽当插穗，除去下半部叶片，插于蛭石和珍珠石的混合基质中，需保持湿润，2～3周即可发根。

常见病害有灰霉病、白粉病等，可用甲基托布津、代森锰锌等喷洒防治；虫害有红蜘蛛、蚜虫等，可用氧化乐果乳油、一遍净、虫螨克等喷杀。

153．薄荷

薄荷，又名药薄荷，为唇形科薄荷属，原产于欧、亚、非大陆。其品种很多，植株形态有直立或匍匐性，株高也因种类不同而不同。薄荷虽然品种很多，但有着适应性强、耐寒、易种植的共同特点。

薄荷全株青气芳香，是中华常用中药之一。它是辛凉性发汗解热药，治流行性感冒、头疼、目赤、身热、咽喉、牙床肿痛等症。

薄荷生长极快，可食用，泡茶入菜均可，能提神解郁，治感冒头痛、疏热解毒、消膨健胃、消炎止痒、防腐去腥。孕妇应注意切勿过量饮食。

室内盆栽应保持盆土偏湿，现蕾开花期需要晴天和干燥的天气，要求水分较少。施肥以氮肥为主，磷钾为辅，薄肥勤施。

繁殖极为简便。可在3～4月间挖取粗壮、白色的根状茎，剪成长8 cm左右的根段，埋入盆土中经20天左右就能长出新株。也可在5～6月剪取嫩茎头遮阴扦插。薄荷属多年生植物，根系发达，每年春季翻盆换土时，可分离出大量的植株。

薄荷常见病害有锈病，可通过改善通风透光条件来防治，或用粉锈宁叶片喷雾防治；斑枯病（又名白星病），可及时摘除病叶用百菌清喷洒防治；虫害主要有小地老虎和银纹夜蛾，小地老虎，可用菊马乳油、菊杀乳油喷洒根部，或用甲基异柳磷灌根；银纹夜蛾，可用杀螟松、氯氰菊酯喷杀。

154．皱叶薄荷

皱叶薄荷，又名吸毒草，为唇形科薄荷属，原产地美国。

皱叶薄荷植株低矮细腻，耐阴性好，生长快，四季常绿，对室内装饰材料裂变出来的有毒有害气体具有一定的吸收作用，室内养护皱叶薄荷不仅增添了室内环境的生机和绿意，还为家庭的健康生活起到了一定的保护作用，但邹叶薄荷并不是真的能将有毒物质吸入体内，而是吸附于叶片表面，因此这一类有吸附功能的植物每隔一段时间都要在窗外阳光下养护，也要让它排毒。

养护皱叶薄荷要注意以下要点：一是浇水要注意，土面不干不浇，干则浇透水，使用的水可以是清水，最好是家里的淘米水，既有营养又节约用水。二是在植株生长旺盛期间，最好每周修剪1次，将细弱枯老的枝条剪掉。修剪后一定要放在阳光充足的地方，这样有利于剪口组织的愈合，继续萌发新枝。三是如果室内采光好，可以把皱叶薄荷放在有阳光照射的地方，保持室内正常通风即可。如果采光不好的话，在室内放置72小时后，要挪至阳光充足的地方1～2天，让它吸收阳光换气后再搬回来继续养护，夏季要避免在烈日下暴晒。

繁殖常用扦插法进行。可先用一根小木棍在土里插出一个2～3 cm深的小圆孔，再将枝条插入小圆孔，然后用手捏紧压实。扦插结束后，要及时浇足1次水，以保持土壤的湿润，利于幼苗成活，以后就可以根据土壤干湿情况适当浇水。

由于皱叶薄荷的茎叶本身含有一种刺激气味，一般很少发生病虫害，有时有大青虫危害，可用氯氰菊酯喷施防治。

155. 驱蚊草

驱蚊草，又名驱蚊香草，为唇形科神香草属，原产地南非好望角一带。茎梢多汁，叶互生，边缘有波形的钝锯齿，叶面光滑。气孔大而密布于叶下表面，具有较强的释放香气的功能。不育，不能结实。幼苗发育很快，半年可生长成熟，二年主枝逐步木质化，有很好的观赏价值和驱蚊效果。它常年散发郁郁的柠檬香味，具有驱避蚊虫、净化空气的效果。

驱蚊草在庭院和室内均可栽培。喜中性偏酸性土壤，一般15～20天施肥1次。喜光，除夏季应稍有遮阴外，秋、冬、春三季应有阳光直射。喜温喜水，在气温－3℃以上能生存，10～25℃为适宜生长温度，7℃以下，32℃以上的温度不利生长，3～6天浇透水1次，但不能积水。株高在30 cm，40片叶时，驱蚊效果最好，管理中应随时去掉黄叶。

繁殖常用扦插法，在每年10月份前后将驱蚊草侧枝剪下，剪成长5 cm小段，用生根粉浸泡15分钟，然后斜插于蛭石或河沙苗床上，用薄膜覆盖，每天喷水3～5次，一般10天左右生根，20天新生芽长到5 cm左右时即可移植上盆。

驱蚊草常见病害有根腐病，可喷洒百菌清或多菌灵等杀菌剂防治，每7天1次，连续2～3次即可；虫害有金龟甲、蝼蛄、小地老虎，可用辛硫磷乳油灌根防治。

156. 羽衣甘蓝

羽衣甘蓝，又名叶牡丹，为十字花科甘蓝属，原产地西欧。由于其最佳观赏期又在室外缺花少绿的冬季，因而受到众多家庭养花爱好者的喜爱。羽衣甘蓝由于品种不同，叶色丰富多变，叶形也不尽相同，叶缘有紫红、绿、红、粉等颜色，叶面有淡黄、绿等颜色，整个植株形如牡丹。

羽衣甘蓝喜凉爽，较耐寒，在气温4℃左右的环境中仍能缓慢生长。幼苗经过寒冷的冬季才能结球良好，12月至翌年春季天气温度低时，叶片反而更为美观。

盆栽羽叶甘蓝可选用疏松肥沃、富含腐殖质的沙质壤土。每月需施1～2次富含磷、钾元素的复合肥料，少施氮肥，以免叶片生长过快，包形变淡。羽衣甘蓝因根系较浅，不耐干旱，生长期间要经常保持湿润，但不宜浇水过多。羽衣甘蓝喜光，不宜长期置于室内，应隔几天将花盆移至室外接受光照，在室内培养观赏时，也应选光线较明亮处放置，但在夏季，需注意为其遮阴，不可受阳光直晒。

羽衣甘蓝的繁殖采用播种法，盆花宜在7月中旬播种。小苗期间，为避免晴天烈日暴晒，中午前后要进行遮阴，当幼苗长至6～7片叶时，上盆，基肥要施足。成活后即可薄肥勤施，7～10天施肥1次。

羽衣甘蓝很少有病害，常见的虫害有蚜虫及菜青虫，可喷洒氯氰菊酯乳油进行防治。

157. 网纹草

网纹草，又称费道花，为爵床科网纹草属，原产地秘鲁及南美的热带雨林中。网纹草植株矮小，匍匐生长，叶片娇小，叶面具有白或红的细致网纹，组成一幅十分美丽的图案，适于装饰布置书房、茶几、窗台等处，也可用作吊挂装饰栽培。

栽培的网纹草品种主要有：白网纹草，具有银白色叶脉，叶片较小；深红网纹草，具有美丽红色网状脉；小叶白网纹草，为白网纹草的矮性品种。

盆栽网纹草以泥炭、沙和腐叶土各1份混合配制的培养土为佳。平时浇水要宁湿勿干，不待干透就浇，但也不要导致盆中积水。阴雨天要适当控水，使盆土稍干些。对一时缺水叶片萎垂的，可浇水喷雾，并罩袋增湿，就可恢复，但经过这样反复几次的植株，根系受到伤害，以后稍有不当，叶片就会蔫。在生长季，每月要施2次薄肥。

冬季温度不要低于15℃，浇水要特别注意水温，不能用温度太低的水。土壤要使之较为湿润，最好罩上塑料袋保温，对越冬更有利。

繁殖主要用扦插法，6～7月取茎3～4节插入消过毒的基质中，基质不宜太干或太潮，空气干燥时，可罩上薄膜保湿，约10天即可生根。也可采用水插法扦插。

常见病害有叶腐病和根腐病，叶腐病可用多菌灵可湿性粉剂喷洒防治；根腐病可用链霉素浸泡根部杀菌；虫害有介壳虫和红蜘蛛，可用氧化乐果乳油喷杀；蜗牛可人工捕捉或用灭螺丁诱杀。

158. 吊竹梅

吊竹梅，又名吊竹草、甲由草、吊竹兰，斑叶鸭跖草等，为鸭跖草科吊竹梅属，原产地南美洲。茎蔓生，叶上有纵紫红和银白色条纹，叶背紫红。花小，白色或红色。常作悬吊植物栽培，任其枝条自然飘曳，别具风姿。

吊竹梅常见品种有四色吊竹梅，叶表暗绿色，具红色、粉红色及白色的条纹，叶背紫色；异色吊竹梅，叶面绿色，有两条明显的银白色条纹；小吊竹梅，叶细小，植株比原种矮小。

盆栽时，可用肥沃排水性好的园土。平时浇水应保持土壤湿润，不使过干，否则下部老叶容易枯黄。另外，它对湿度要求较高，要经常在其周围环境喷水，以保持较高的空气湿度。对肥料要求不高，可根据长势酌情施用。在整个生长过程中，光照为散射光最佳，但也不能长时间太阴，否则，容易徒长，节间变长，叶上的斑纹还会隐退或减少。根据观赏的需要，还应对枝蔓进行适当修剪、调整，使之分布更合理，造型更好。

春秋生长期每隔10天施一次稀薄液肥，施肥后要用喷雾器喷水，以免肥液玷污叶片而引起黄叶。夏季高温少施肥或停止施肥，否则茎叶徒长幼嫩，会减弱植株抗暑能力。

冬季一般室内保持0℃以上就可越冬，土壤不要太干，使其经常保持湿润。开春时，对老枝及扰乱枝形的枝应及时剪去。

繁殖在生长季都可进行，只需取新梢扦插盆中，保持一定湿度，很容易生根。以后加强肥水，适当摘心，很快就能长得满盆繁茂。

吊竹梅在生长期间很少有病虫害发生，一般不需防治病虫害。

159. 翡翠珠

翡翠珠，又名一串珠、绿铃、一串铃、绿串株、绿之铃、珍珠吊兰等，为菊科千里光属，原产地西南非干旱的亚热带地区。叶互生，较疏，圆心形，深绿色，肥厚多汁，极似珠子，故有翡翠珠之美称。翡翠珠能有效地清除室内的二氧化硫、氯、乙醚、乙烯、一氧化碳、过氧化氮等有害物。

翡翠珠喜凉爽的环境，忌高温，喜富含有机质的、疏松肥沃的土壤。适宜生长温度为12～18℃，不耐寒，冬季越冬温度应不低于5℃。夏季为休眠期，应停止施肥，并控制浇水。夏季高温时忌阳光直射，应适当遮光。具较强的抗旱能力，忌水湿，喜疏松透气、排水良好的土壤。浇水过多或盆土排水不良时容易烂根。浇水应宁干勿湿，只需保持盆土湿润即可。由于根的分布较浅，上盆时可在盆底多垫些排水层。入秋后，植株恢复生长，应增加光照，并追施液肥。

繁殖常用扦插法。一般在春、秋两季进行，将枝蔓剪成8～10 cm一段，平铺半埋于盆土中，开始时保持50%～60%的湿度，半个月后即可生根成活。

病害主要有叶斑病和炭疽病，可喷洒多菌灵可湿性粉剂；虫害有介壳虫和蚜虫危害，可用氧化乐果乳油喷杀。

160. 捕蝇草

捕蝇草，又名矮巨人捕蝇草，为茅膏菜科捕蝇草属，原产地美国。捕蝇草是一种非常有趣的食虫植物，在叶的顶端长有一个酷似贝壳的捕虫夹，且能分泌蜜汁，当有小虫闯入时，能以极快的速度将其夹住，并消化吸收。

捕蝇草在冬季温度达到10℃以下便会进入休眠。如若天气热不能完全休眠，数年后则会导致死亡。因此，用人工方式促使其休眠。在进入冬季时，将捕蝇草从栽培基质中挖出，剪掉叶子，只留下根茎，再以潮湿的水苔包裹这些根茎，并用塑胶袋包好，便可以放到冰箱中冷藏，冷藏温度为4℃。冷藏约3个月后，此时差不多已到春季，便可将这些冷藏过的根茎取出，再种回到栽培基质中，数周后便会长出芽来。在夏天强烈的日照刺激下，捕蝇草夹子内部的颜色慢慢转红。这个时期的夹子通常是最大也是数量最多的。

捕蝇草的栽培管理要点：一是要选用保水性佳、酸性的栽培基质。可以直接使用泥炭土或水苔来栽培，水苔的价格较高，而且使用年限较短，但较其他栽培基质干净，故水苔比较适合作为叶插或小苗的栽培基质；二是根据捕蝇草喜欢潮湿环境的特点，可以用浸水法来栽培，但其浸泡深度宜浅水位，以避免过分潮湿。从春季到秋季可以让栽培基质维持在潮湿状态，但在冬季时宜使栽培基质较为干燥，需将捕蝇草自水盘移出；三是尽可能放在阳光之下，或至少放在明亮的地方。若栽培地点光照不够，则必须考虑使用人工照明；四是在户外栽培捕蝇草通常不用太过担心食物不足的问题，捕蝇草自己就能够吸引一些昆虫前来。若情况允许的话，可采取一些方法招来虫蝇，喂食捕蝇草，但要适量。正确的做法是：同一株捕蝇草只能有一两个夹子捕到昆虫，而且昆虫的大小必须小到可以让捕虫夹完全包住昆虫。如果昆虫太大以致于昆虫的一部分露出捕虫夹外，便会造成捕虫夹的损坏。

繁殖常用叶插法和分株法，叶插也就是将一段叶柄插到土中，便能长出新的植株。在春末到夏初，捕蝇草生长旺盛的季节，将捕蝇草从土中挖出来后，我们就可以见到其埋藏在土中白色瓣状的叶柄。将捕蝇草的捕虫夹连叶柄（像叶片的部分），连同白色的叶柄基部一起剥下，再将这些叶柄放到以水苔为主的栽培基质上，维持高湿度并给予明亮的光照，过数周后便会冒出新芽了，新芽形成的过程很慢，要有耐心去等。只要叶柄基部没有变黑、腐烂，便要一直等下去。由于这一阶段的叶柄已经没有根了，因此湿度的保持便很重要，要让潮湿的栽培基质能附着在叶柄上才能提供水分；此时的光照强度也很重要，需要明亮的光线，但不能让阳光直接照射。分株法，捕蝇草经常会长出侧芽，只要侧芽长得够大，拥有完整的根，便可将其自母株分离开来，单独栽培。

捕蝇草常见病害有叶斑病，可用甲基托布津或百菌清喷洒防治；茎腐病，主要由于阴湿和通风不良产生，一经发现茎段发黑腐烂应立刻停止浇水，将腐烂茎段剪去，用石硫合剂或高脂膜喷洒防治；捕蝇草是食虫植物，但它也会被其他害虫所食，如一些体形较大的昆虫，如蝗虫、金龟子等，其叶常会被啃食。此外，一些如蚜虫、介壳虫等刺吸性害虫，也会爬满嫩茎或嫩叶，直接影响它的生长，可用氧化乐果喷杀。

161．镜面草

镜面草，又名金钱草、翠屏草、一点金、镜面掌等，为荨麻科冷水花属，原产中国云南省西北部。其叶肥厚近圆形，很像古代人照面的铜镜，故人们称它为镜面草。

镜面草性喜温暖湿润、适度遮阴的环境，在光线充足的室内也能生长良好。较为耐寒，但低于0℃即受冻害，生长适温约20℃。要求富含腐殖质，疏松肥沃，排水良好的土壤。需要较高的空气湿度，尤其夏季高温干燥时，可向叶面和周围环境喷水，以降低温度，提高湿度。每年春季换盆。生长季节，每两周追施稀薄液肥1次。

常见繁殖方法为分株法和扦插法。分株，植株基部易生不定芽，抽生幼株，可于春季结合换盆分栽扦插，可选生长成熟叶片，带一主脉，削成楔形，插入沙中，温度保持20℃左右，3周即可生根。

常见炭疽病及介壳虫危害，炭疽病可喷施炭疽福美、多菌灵等防治；介壳虫可喷施杀扑磷、毒死蜱等防治。

162. 冷水花

冷水花，又名花叶荨麻、白雪草，为荨麻科冷水花属，原产地越南。株丛小巧素雅，叶色绿白分明，纹样美丽。在夏、秋时节开黄白色小花，清秀淡雅，陈设于书房、卧室，清雅宜人。同样可作为室内吸收有毒物质的植物栽培。

冷水花喜温暖、湿润的气候，喜疏松肥沃的沙土，生长适宜温度15～25℃，冬季不可低于5℃。养护冷水花，需注意以下栽培要点：

⑴ 冷水花是一种叶色很美的室内花卉，很耐阴，但更喜欢充足光照，且应避免强光直射。夏天花盆摆在北窗，冬天放到南窗。光线太暗，叶片颜色会淡化；阳光过强，叶片会遭灼伤。

⑵ 肥水管理掌握湿润管理原则，盆土保持干而不裂，润而不湿为好。夏天，经常向叶面喷雾水可保持叶面清洁且具光泽。冬季叶面少喷水，否则叶面会出现黑色斑点，甚至发黑腐烂。生长期2周左右浇一次液肥，促使植株健壮。秋后增施磷、钾肥壮茎秆，防倒伏。

⑶ 每年换盆一次。当老植株株形散乱，观赏价值降低时，即用扦插法繁殖幼苗更新，以提高观赏价值。同时，也可减少病虫危害。

⑷ 繁殖多用扦插方法，春、秋两季均可进行。

⑸ 在通风不良的情况下，容易遭蚜虫危害，可用一遍净、氧化乐果乳油喷杀。在盆土长期泥泞时，根须常发生腐烂，故应注意合理控制水土。

163. 黑法师

黑法师，为景天科莲花掌属，原产加那利群岛。

黑法师喜温暖、干燥和阳光充足的环境，耐干旱，不耐寒，稍耐半阴，可用肥沃又排水透气良好的培养土种植，常用粗沙或蛭石 2 份、腐叶土 1 份、园土 1 份混匀后使用，适宜放在全光照的地方养护。夏季高温时植株有短暂的休眠期，此时植株生长缓慢或完全停滞，可放在通风良好处养护，并稍加遮光，节制浇水，也不要施肥。春、秋季和初夏是植株的主要生长期，应给予充足的阳光，虽然在半阴处也能生长，但生长点附近会变成暗绿色，其他部位叶片的黑紫色也会变淡，成为浅褐色，影响观赏。在生长期间，要保持土壤湿润，过于干燥叶片容易枯萎，每两周喷施一次稀的液态肥。此外，土壤中氮肥过量，植株生长过旺也会造成这种现象。因此，平时使盆土稍微干些，让植株长得稍微慢些反而会收到更好的效果。冬季最低温度不低于10℃，其他季节保持在24℃左右即可。

繁殖多用扦插法，可在早春剪下莲座叶盘，扦插于细沙中，约20天可以生根。

极少有病虫危害，在通风不良时，易生介壳虫，可采用氧化乐果或速扑杀喷施防治。

164. 石莲花

石莲花，又名宝石花、石莲掌、莲花掌、八宝掌等，为景天科石莲花属，原产地墨西哥。石莲花因莲座状叶盘酷似一朵盛开的莲花而得名，被誉为永不凋谢的花朵。

石莲花喜温暖干燥和阳光充足环境，不耐寒、耐半阴，怕积水，忌烈日。以肥沃、排水良好的沙壤土为宜。冬季温度不低于10℃。

春、秋是石莲花属植物的主要生长期，需要充足的光照，否则会造成植株徒长，株型松散。浇水掌握不干不浇，浇则浇透的原则，避免盆土积水，空气干燥时可向植株周围洒水，但叶面，特别是叶丛中心不宜积水，否则会造成烂心。尤其要注意避免长期雨淋。生长季节每20天左右施1次腐熟的稀薄液肥或低氮高磷钾的复合肥，施肥时不要将肥水溅到叶片上。冬季放在室内阳光充足的地方，控制浇水，维持盆土干燥，停止施肥，使植株休眠。

繁殖常用扦插法，于春、夏进行。茎插、叶插均可。叶插时将完整的成熟叶片平铺在潮润的沙土上，叶面朝上，叶背朝下，不必覆土，放置阴凉处，10天左右从叶片基部可长出小叶丛及新根。

常见病害有锈病、叶斑病，可用75%百菌清可湿性粉剂喷洒防治，常见虫害有黑象甲危害，可用西维因可湿性粉剂喷杀。

165. 落地生根

落地生根，又名灯笼花，为景天科伽蓝菜属，原产地马达加斯加。多年生肉质草本植物。其叶肥厚，叶片边缘锯齿处可萌发出两枚对生的小叶，在潮湿的空气中，上下面能长出纤细的气生须根，这小幼芽均匀排列在大叶片的边缘，一触即落，且会落地生根。

盆栽时可用腐叶土、沙土以3：1混合配制。对新上盆的小苗要及时摘心，促进分枝；对于较老的植株，其茎半木质化、脱脚且多弯曲不挺立，观赏价值降低，应予以短截，使其萌发新枝。平时浇水要待干透再浇，不必担心会干死，施肥不必过勤，否则造成旺长，并有可能造成植株腐烂，生长季每月施1～2次肥即可。盛夏要稍遮阴，其他季节都应有充足的光照，否则叶缘的色彩将消失。

秋凉后要减少浇水，冬季入室后室温只要保持0℃以上就能越冬。但盆土要稍微保持湿润。

落地生根除能用叶上的不定芽“播种”外，还可以用叶扦插，做法是将叶平铺在基质上，土壤不要太潮，待其生根后切开，或将叶切成段，切口阴干后扦入基质，此法易生根。

落地生根常见病害有灰霉病、白粉病危害，可用甲基托布津可湿性粉剂喷洒防治；虫害有介壳虫和蚜虫，用氧化乐果乳油喷杀。

166. 玉树

玉树，又名燕子掌、景天，为景天科青锁龙属，原产地北温带和热带地区。枝叶肥厚，四季碧绿，叶形奇特，株形庄重。

玉树喜阳光充足、温暖、干燥通风环境，对土壤要求不严格，较耐寒、耐旱。

盆土宜用园土、粗沙和腐殖土混合配制，保证土壤的透气性。盆栽可置于光照充足处，保持叶色浓绿。生长季节浇水不可过多，掌握见干见湿和宁干勿湿的原则。宜在盆土表层完全干燥后再浇水，忌盆内积水，否则易引发根腐烂和病害；空气湿度大的雨季（7～8月），应严格控制浇水。

常用扦插繁殖。在生长季节剪取肥厚充实的顶端枝条，长8～10 cm，稍晾干后插入沙床，插后约3周生根。也可用单叶扦插，切叶后待晾干，再插入沙床，插后约4周生根，根长2～3 cm时上盆。

常见病害有炭疽病和叶斑病，可用甲基托布津可湿性粉剂喷洒。室内通风差，茎叶易受介壳虫危害，可用氧化乐果乳剂喷杀。

167. 豆瓣绿

豆瓣绿，又叫青叶碧玉、椒草、翡翠椒草等，为胡椒科豆瓣绿属，原产地西印度群岛、南美洲北部。栽培种有斑叶型，其叶肉质有红晕；花叶型，其叶中部绿色，边缘为一阔金黄色镶边；亮叶型，叶心形，有金属光泽；皱叶型，叶脉深深凹陷，形成多皱的叶面。

豆瓣绿喜温暖湿润、半阴环境，怕高温、忌强光，适宜肥沃疏松、排水通畅的土壤。

盆栽豆瓣绿的培养土宜用腐叶土或泥炭土、园土、粗沙以6∶3∶1配制。生长期间每3～4周需施1次稀薄液肥，盆土需保持湿润，浇水要见干就浇，切忌盆内积水，夏季应每天向茎、叶喷水1～2次，这样能保持叶色青翠，但浇水不能过多，如高温高湿引起基部叶片腐烂。豆瓣绿较耐阴，四季均可放在室内明亮且散射光处养护。生长最适温度为15～25℃，冬季室温应保持在12～15℃。每隔2年需进行1次短剪，促使其重新萌发新的植株，使其枝叶丰满，叶色碧绿。

豆瓣绿一般采用扦插或分株繁殖。扦插通常在春末夏初进行，剪取顶端健壮枝条，长约10 cm，带3～6枚叶片，带上2 cm左右长度的叶柄，插于苗床中，插后经常保持盆土湿润，3周后也可生根。分株繁殖宜在春、秋两季进行。

豆瓣绿少有虫害，常见病害有环斑病毒病，受害植株产生矮化，叶片扭曲，可用等量式波尔多液喷洒防治；根颈腐烂病、栓痂病，可用多菌灵可湿性粉剂喷洒防治。

168. 西瓜皮椒草

西瓜皮椒草，又名豆瓣绿椒草，为胡椒科豆瓣绿属，原产地南美洲和亚洲热带地区。叶脉绿色，叶面间以银白色的规则色带，形似西瓜的斑纹，株型矮小，生长繁茂，不论作为盆栽摆设，还是吊挂欣赏都极适宜。

盆栽容器宜选用质地粗糙、透水性较强的瓦盆或粗砂盆，栽培土壤可用腐叶土、园土、河沙等量混合。幼苗上盆时，注意保护好根系，植株栽好后浇一次透水，置于通风荫蔽处缓苗1周左右，便可正常管理。夏季避免阳光直射，应将植株置于半阴处养护。

栽培过程中，要保持土壤湿润，但忌积水，防止引起根茎腐烂。夏季气温高，可1～2天浇水一次，并经常给叶面喷雾，保持叶面湿润。用微温的无钙软水浇或喷淋植株效果较好，水太冷也会引起植株腐烂。冬季要控制浇水量，可一周浇一次。生长季节每月施用腐熟的稀薄饼肥水一次，施时避免溅污叶面，也可用0.1%～0.2%的磷酸二氢钾作根外追肥。一般1～2年换盆一次，由于老植株不能保持较强的观赏效果，应经常进行更新。

繁殖可采用分株和扦插的方法进行，分株繁殖可于春秋两季进行，挑选母株根基处发有新芽的植株，结合翻盆换土取出植株，抖去附着的土，用利刀根据新芽的位置，切取新芽盆栽。扦插繁殖又有枝插和叶插之分。枝插可在春夏季进行，选取健壮的枝条，剪取5～8 cm的接穗，去除下部叶片，晾干剪口，然后插入湿润沙床中。叶插多在5～10月进行。将带有叶柄的充实叶片全部摘下，晾干2～3小时后，斜插于沙床或盆中，2个月左右即可长成小苗。扦插时避免用塑料薄膜或玻璃覆盖，否则易腐烂。

病虫害主要是介壳虫，应及时人工清除或喷洒氧化乐果乳油防治。

169. 发草

发草，为禾本科发草属，原产地中国。叶片狭细坚挺，深绿色，株型紧凑，花序松散开展，随风缥缈舞动，花期5～6月。作为室内盆栽植物，一年四季均可生长。植株具有的线形结构、动感韵律，给人质朴自然的感觉。

盆栽发草基质可选用草炭、田园土按3∶1的比例配制，为使植物生长旺盛，盆土中可加些颗粒花肥，在生长季不需再施肥。发草较抗旱，不耐湿，当表土2～3 cm干透后浇透水，忌水涝。

发草不耐热，在夏季如果管理不当老叶片会变枯黄，影响观赏效果。因此，在夏季高温高湿季节，尽量将花盆搬到荫蔽处，如有老叶枯黄现象应及时修剪。

繁殖方法为分株繁殖，可在每年春季或秋季进行。从花盆中取出带土球的发草后，剪去地上部1/3～1/2叶片，并将根系修剪到5 cm左右，分成30芽左右一丛上盆。

发草抗病虫害能力较强，如遇长时间高温高湿天气，叶片上会有锈病发生，可将出现病症的叶片剪掉。

170．蓝羊茅

蓝羊茅，又名银羊茅，为禾本科羊茅属。原产地北温带地区，茎秆密集丛生，叶片为针状，外披银白色霜，呈银蓝色。蓝羊茅耐轻度荫蔽，不喜湿，春秋两季叶片变为深蓝色，给人清新和赏心悦目的感觉。

蓝羊茅喜疏松、腐殖质含量高的酸性土壤，可使用草炭、松针土与园土充分混合后使用。在春季上盆，花盆口径25～35 cm均可，适当施些底肥。

对肥水要求不高。当表土2～3 cm干透后浇透水，整个生长季不需施肥。如肥水过量，导致叶片徒长，株形松散，根系腐烂，植株会失去蓝色的特性，叶片变枯黄，甚至植株死亡。

夏季遇高温高湿季节，蓝羊茅有轻度休眠现象，可将花盆搬到荫蔽处。在初夏开过花后，剪去花序和枯黄叶片。

繁殖方法为分株繁殖。可在每年春季或秋季进行，从花盆中取出带土球的植株后，剪去1/3～1/2叶片，并将根系修剪到5 cm左右，分成每丛15～20芽后上盆。

分株第一年的蓝羊茅，株形饱满，观赏效果好。但是随着年限增长，生长拥挤，中心部位死亡。为避免这种现象，盆栽时通常2～3年挖出植株进行分株。这个措施可保证植株生长健壮，有助于保持靓丽的蓝色。

蓝羊茅抗病虫害能力强，很少发生病虫害。

171．洽草

洽草，为禾本科洽草属，原产地中国。植株密集丛生，叶片狭窄，蓝绿色，成圆丛状，6月开花，穗状花序密集丛生在顶部，飘逸柔美。

洽草喜疏松、腐殖质含量高微碱性基质，肥力较低的盆土中可生长良好。可在春季上盆，花盆口径25～35 cm均可，适当施些底肥。

肥水管理较粗放，采用干透浇透的方式浇水，整个生长季不需施肥。在冷凉地区没有夏眠，植株在夏季能保持较好的景观。在夏季遇高温季节，植株休眠，可将花盆搬到荫蔽处，在初夏开过花后，剪去花序和枯黄叶片。秋季即可恢复正常生长，在室内养护至深秋或冬季植株仍能保持蓝绿色的叶片，

繁殖方法为分株繁殖，秋季进行。从花盆中取出带土球的植株后，剪去地上部叶片，并将根系修剪到5 cm左右，分成8～10芽一丛上盆。成活的洽草应在室外越冬，第二年3月下旬移至室内。经春化作用的洽草才能抽穗开花。

洽草植株低矮、密集，株形饱满。但是在盆土中养护2～3年后，如管护不当会造成中心部位死亡。通常挖出植株进行分株。这个措施可保证植株生长健壮，有助于保持靓丽的蓝绿色。

洽草抗病虫害能力强，很少发生病虫害，如遇长时间高温高湿天气，叶片上会有锈病发生，可将出现病症的叶片剪掉。

172．细茎针茅

细茎针茅，又名墨西哥羽毛草细茎针芒、利坚草，为禾本科针茅属，原产地美洲。植株密集丛生，茎纤细柔软，叶片细长如丝状，成型高度30～50 cm。5～6月抽穗，羽毛状圆锥花序，柔软下垂，形态优美。花序初期为银白色，后逐渐变为草黄色，可一直保持到秋季。

细茎针茅喜疏松透气盆土，可用田园土、草炭以1∶2的比例配制，喜光，可将花盆置于阳台或庭院内光照充足的条件下，也耐半阴，在室内可见散射光的地方养护也能正常生长。

在春季上盆，花盆口径25～35 cm均可，上盆时适当施些底肥，生长季节不需施肥。细茎针茅不耐水湿，浇水不能过勤，当表土2～3 cm干透后浇透水。

以后每年秋季修剪一次，留茬5～10 cm，浇透水，7～14天后新叶便可长出。

繁殖方法为分株繁殖。可在每年春季或秋季进行，从花盆中取出带土球的植株后，剪去地上部叶片，并将根系修剪到5 cm左右后，分成30芽左右一丛上盆。

细茎针茅抗病虫害能力强，很少发生病虫害。

173．银边草

银边草，又名丽蚌草、球茎燕麦草，为禾本科燕麦草属，原产地欧洲。株高30 cm左右，具白色念珠状肉质地下球茎，可贮藏水分和营养，叶片上有银白色的条带，植株呈美丽的银白色。

银边草对土壤要求不严。可于春季选择20～30球茎上盆，适当施底肥。肥水管理较粗放，采用干透浇透的方式浇水，整个生长季不需施肥。如施肥过多，叶片白色条纹就会消失，全呈绿色而影响观赏效果。

银边草夏季休眠，应剪去地上茎叶，8～9月又可抽出新叶片，生长季节如叶片过长，也要适当修剪。

养护中应注意，在地下茎露出后，要及时培土，保持株丛旺盛而优美，冬季在室内银边草仍能正常生长，银白色叶片鲜艳明亮。

繁殖方法为分株法，通常2～3年进行一次分株繁殖，在3～4月或于8～9月休眠后初抽新叶时进行，将老株掘起后进行分离，每株宜10～15个球茎。分株后植株生长迅速，新的植株更具活力，色彩更明亮。

银边草抗病虫害能力强，很少发生病虫害。

174．旱伞草

旱伞草，又名伞草、风车草、水竹等，为莎草科莎草属，原产地西印度群岛。其叶状总苞片簇生于茎干，呈辐射状，姿态潇洒飘逸，不乏绿竹之风韵，常供盆栽观赏或作插花切叶。

盆栽旱伞草时，用一般园土加少量基肥即可，生长季节要保持土壤湿润，或直接栽入不漏水的盆，保持盆中有5 cm左右深的水，可免去天天浇水的麻烦。生长旺季，每月施肥1～2次。此草对光线适应范围较宽，全日照或半阴处都可良好生长，但夏季放半阴处对其生长更有利，可保持叶片嫩绿不老。

根据旱伞草水陆均可生长的特性，如用一长方形不漏水的花盆，配置高低不同数丛伞花，留出水面，点缀几块玩石，可构成一幅自然的水景，别有情趣。

旱伞草繁殖常用分株法和扦插法，也可播种。扦插于6～7月进行，选开花前的健状枝，取其顶梢3～5 cm，并将轮生的叶短剪一半，以减少水分蒸发，然后扦插于沙或蛭石中，使叶片贴在基质上，浇透水，以后保持基质湿润，20天就能生根。分株全年都可进行，但以3月中下旬翻盆时进行最宜。4月播种，也容易萌发成苗。

旱伞草常见病害有叶枯病，可用甲基托布津喷洒防治；虫害有红蜘蛛，可用氧化乐果乳油剂喷杀。

175．铁线蕨

铁线蕨，又名铁丝草、铁线草，为铁线蕨科铁线蕨属，原产地为热带美洲和亚热带地区。其茎、叶秀丽多姿，株型小巧，极适宜作室内中小型盆栽，摆设案头、窗台、门厅、走廊等处。铁线蕨稍耐寒，最低不得低于5℃，最适温度为12～25℃。

养护铁线蕨要避烈日、避强风。其养护关键在于浇水要采用浸盆法，一周一次，每次半小时。浸盆后沥去大部分水，余水可让其存留托盘。托盘中放些碎石，经常洒水于石上，再将蕨盆置于托盘上，可增加湿度，对铁线蕨大有益处。不能把它一直浸在水里，或者托盘里有过多的水。5～10月每月一次用稀释的营养液水浇盆，6月可分盆。

繁殖常用分株法，室内四季均可，但一般在早春结合换盆进行，将母株从盆中取出，切断其根状茎，使每块均带部分根茎和叶片，然后分别种于小盆中，根茎周围覆混合土，灌水后置于阴湿环境中培养，即可取得新植株。

铁线蕨常见病害为根腐病、叶枯病，可用波尔多液、甲基托布津喷洒防治；虫害为介壳虫，可用氧化乐果喷杀。

176. 肾蕨

肾蕨，又名蜈蚣草、圆羊齿、篦子草、石黄皮等，为肾蕨科肾蕨属，原产地热带亚热带地区。

肾蕨性喜温暖潮润和半阴环境。生长适温3～9月为16～24℃，9月至翌年3月为13～16℃。冬季温度不低于8℃，但短时间能耐0℃低温。也能耐30℃以上高温。

盆栽宜用疏松、肥沃、透气的中性或微酸性土壤。常用腐叶土或泥炭土、培养土或粗沙的混合基质。盆底多垫碎瓦片和碎砖，有利于排水、透气。在春、秋季需充足浇水，保持盆土不干，但浇水不宜太多，否则叶片易枯黄脱落。夏季除浇水外，每天还需喷水数次，特别悬挂栽培需空气湿度更大些，如果空气干燥，羽状小叶易发生卷边、焦枯现象。

肾蕨喜明亮的散射光，但也能耐较低的光照，切忌阳光直射。生长期每旬施硝酸钾肥1次。同时，生长期要随时摘除枯叶和黄叶，保持叶片清新翠绿。吊钵栽培时要多喷水，多根外追肥和修剪调整株态，并注意通风。

繁殖常用分株法和孢子繁殖法。室内盆栽适宜用分株繁殖，以5～6月为宜。此时气温稳定，将母株轻轻剥开，分开匍匐枝，每10 cm盆栽2～3丛匍匐枝。15 cm吊盆用3～5丛匍匐枝，栽后放半阴处，并浇水保持潮湿，当根茎上萌发出新叶时，注意遮阴。

室内栽培时，如通风不好，易遭受蚜虫和红蜘蛛危害，可用肥皂水或氧化乐果乳油喷洒防治。在浇水过多或空气湿度过大时，易发生生理性叶枯病，注意盆土不宜太湿并用代森锰锌可湿性粉剂喷洒。

177. 鸟巢蕨

鸟巢蕨，又名巢蕨、山苏花、王冠蕨等，为铁角蕨科巢蕨属，原产地热带亚热带地区，中国南方地区均有分布。其叶子向外簇拥生长，故得名鸟巢蕨。

鸟巢蕨性喜温暖多湿的荫蔽环境，只需少量光照就能生长良好，可长年放在室内光线明亮处培养。

盆栽鸟巢蕨基质以腐叶土或泥炭土、蛭石等为主，并掺入少量河沙，也可用蕨根、碎树皮、苔藓或碎砖粒加少量腐殖土拌匀混合而成。

鸟巢蕨的生长适温为16～27℃，夏季当气温超过30℃以上时，应遮阴或通过喷水等降温增湿措施，冬季最好能保持15℃以上，至少不低于5℃。

在生长季节，浇水要充分。特别是夏季，除栽培基质要经常浇透水外，还必须每天淋洗叶面2～3次，同时给周边地面洒水增湿，维持局部环境有较高的空气湿度，既可增加叶面的光泽，又对孢子叶的萌发十分有利。冬季气温较低时，以保持盆土湿润为好，可多喷水，少浇水，以免在低温条件下因盆土中水分过多而造成植株烂根。要适度施肥，生长旺期，一般每2～3周需施1次氮钾混合的薄肥，促使新叶生长。

繁殖常用分株法，一般在4月中下旬进行，选择生长健壮的植株，将其根状茎连同叶片和根丛切割成若干块，或扒下旁生的小植株，剪去叶片的1/2，分别上盆，以少量的腐叶土覆盖，环境温度控制在25℃左右，成活率较高，需注意盆土不能太湿，以免引起烂根。

常见病害为炭疽病，可用百菌清可湿性粉剂或甲基托布津可湿性粉剂均匀喷雾，每10天1次，连续3～4次。常见虫害主要是线虫，可用克线丹或呋喃丹颗粒撒施于盆土表面，杀虫效果较好。

178．鹿角蕨

鹿角蕨，又名蝙蝠蕨、鹿角羊齿，为水龙骨科鹿角属，原产地澳大利亚。其叶形奇特形似麋鹿的角，将它贴生于古木或装饰于吊盆中，点缀书房、卧室，别有一番情趣。

鹿角蕨喜温暖阴湿环境，怕强光直射，以散射光为好，土壤以疏松的腐叶土为宜。冬季温度不低于10℃，但短时间能耐－5℃低温。生长适温为16～21℃。

鹿角蕨在夏季生长盛期需多浇水，并经常喷水，保持栽培环境有较高的空气湿度，有利于营养叶和孢子叶的生长发育。为了增加叶片的美观，可在生长期，每10天喷施稀释饼肥水或于叶面喷洒0.1%的磷酸二氢钾稀释液，保持叶片嫩绿、肥厚。每年在成型鹿角蕨的盆内补充腐叶土或苔藓，以利于新孢子体的生长发育。冬季室温较低时，生长缓慢，应少浇水，盆土在稍干燥的条件下有利于越冬。

繁殖常用分株法进行。以6～7月分株最适宜，从母株上选择健壮的鹿角蕨子株，用利刀沿盾状的营养叶底部轻轻切开，带上吸根栽进盆中，盖上苔藓，喷水保湿。

常见有叶斑病危害孢子叶，可用代森锰锌可湿性粉剂喷洒防治。通风差时，有介壳虫和粉虱危害孢子叶或营养叶，少量时可捕捉或用氧化乐果乳油喷杀。

179. 猪笼草

猪笼草，又名猪仔笼，为猪笼草科猪笼草属，原产荷兰、马来半岛热带地区。其叶片中脉延长处结有小瓶状的叶笼，笼口有盖，笼面呈半透明绿色，并有褐色或红色斑点或条纹，非常可爱。

猪笼草喜生长于疏松肥沃、排水良好、富含腐殖质的腐叶土或泥炭土，可选用泥炭土、水苔、木炭、松杉树皮碎块混合栽培。幼苗一般需要生长3～4年方可结笼。大苗需要每年换盆一次，并更换部分基质。

猪笼草喜散射光照环境，过强的光照会灼伤叶面及叶笼，过于荫蔽时猪笼无法形成或畸形、变小等不良反应。冬季则需要较好的光照条件。猪笼草生长适温为25～30℃，越冬需要保持在15℃以上，而且环境温度最好不要波动太大，昼夜温差也不要太大。猪笼草对空气湿度特别敏感，需要经常喷水增湿，但是渍涝也会影响生长，温度低于16℃时，要控制浇水次数。施肥可叶面喷施或根部浇灌，不要单施氮肥，以氮肥为主即可。

繁殖可于5～6月结合修剪进行，选择健壮的枝条，剪取带有茎节的叶为插穗，并将叶片剪去一半，基部剪为斜面，用水苔将插穗基部包裹好，放入铺满水苔或小卵石的盆内，用透明塑料袋套起来，保温保湿，温度为28～30℃，湿度为100%，约3周即可生根。

常见的病害为叶斑病，可喷施代森锰锌、多菌灵等防治；虫害主要为介壳虫，可喷施氯氰菊酯、氧化乐果乳油等防治。

另外，猪笼草的叶笼内有液体，分泌有蛋白酶，能消化分解昆虫，不需要向笼内加注清水等物。一般来说，笼内没有液体是因为这个叶笼老了，为正常现象。

180. 花叶麦冬

花叶麦冬，又名金叶麦冬，为百合科山麦冬属，原产地中国和日本。革质，叶片边缘内侧为黄色与翠绿色相间的竖向条纹。花红紫色，长达8～16 cm，夏秋季节开花，花茎长30～90 cm，高出叶丛。

喜温暖、湿润和半阴环境，怕强光暴晒、忌干旱。盆土可选用田园土、草炭以1∶3配制，栽植前施足基肥。生长期施肥2～3次，浇水要干透浇透。每年换盆1次，否则地下块根布满盆内，根系易枯死，叶片会发黄。

繁殖常用分株法。每年4月将老株掘起，剪去上部叶片，保留下部5～7 cm长，以2～3株为一丛，深6～8 cm。每隔2～3年当植株生长较拥挤时再分株。

病害主要有叶斑病和炭疽病，可喷洒多菌灵可湿性粉剂。虫害有介壳虫和蚜虫危害，可用乐果乳油喷杀。

181. 文竹

文竹，又名云片松、刺天冬、云竹，为百合科天门冬属，原产地南非。叶状枝纤细秀丽，密生如羽毛状，株形优雅，独具风韵，是有名的室内观叶花卉。

文竹喜半阴，忌强光。如夏季将其放在阳光直射处养护，极易造成枝叶枯黄。这时，应将花盆移到阴凉处，经常向枝叶上喷水，增加空气湿度，受害轻时，大都可以恢复如初。冬季宜向阳。冬季若将其长期放在见不到光线的地方，通风不良或寒冷，均易引起枝叶枯黄。此时可将其移放到有阳光的温暖环境中，室温保持在12～18℃，适当控制浇水，可以逐步恢复正常。

掌握适宜的盆土水分是文竹日常养护的一大关键。平时如浇水过多，造成盆土长期过湿或积水，会造成根系生长不良，进而引起烂根。表现为地上部先是枝叶徒长，继而叶梢黄化枝叶渐渐枯黄、落叶，新长出的嫩芽中途枯萎，三年以上的藤本植株则出现大量落花、落籽现象，严重时可导致整株死亡。浇水过少则盆土过干，造成叶黄枯梢，小枝脱落，体态干瘪，同时落蕾落花。因此应始终让盆土处于见干见湿的交替状态，如发现盆土过湿，应通过松土、换盆、疏通底孔，促使多余的水分迅速散出。

养护文竹应注意将其放置在无烟尘、无毒气的清洁环境

中，否则枝叶易发黄。文竹喜肥沃土壤，若长期没有换土加肥，养分供不应求，就会出现枝叶发黄现象。此时，需每周浇一次腐熟的稀薄液肥或复合化肥，并及时浇水、松土，这样不久即可由黄转绿。如施肥过浓或施未腐熟肥料，均易引起“浇根”，导致叶子干枯、脱落。这时需要倒盆除去肥料，并用清水冲浇土坨，然后换进新的培养土。

繁殖常用播种法和分株法。种子自12月至翌年4月陆续成熟，成熟浆果为紫红色。当果实变色时及时采收种子，并将种子去皮晒干，然后播于河沙和腐叶土等量混合的基质上，覆上土，浇透水，保持湿润。在温度20～30℃时一个月左右即可发芽；分株一般在春季进行，用利刀顺势将丛生的茎和根分成2～3丛，使每丛含有3～5枝芽，然后分别种植上盆。分株时尽量少伤根系，分株后注意保湿和遮阴。

文竹常见病害有枝枯病，发病初期可喷洒波尔多液、百菌清或高锰酸钾进行防治；灰霉病，可用甲基托布津可湿性粉剂喷洒防治。常见虫害有介壳虫和蚜虫，可喷洒氧化乐果乳油防治。

182. 天门冬

天门冬，又名武竹、天冬草等，为百合科天门冬属，原产地南非。叶状枝线形，簇生，花淡红色，有香味，浆果鲜红色，10～11月成熟。翠绿茂盛的枝叶和鲜红球形果，构成了天门冬独特的观赏价值，既可观叶又可观果。

天门冬喜温暖、湿润、半阴，耐干旱和瘠薄，不耐寒，冬季须保持6℃以上温度，适生于疏松肥沃,排水良好的沙质土壤中，不需要大肥大水，春秋两季，15～20天施一次腐熟有机薄肥，夏冬则少之。土壤要保持湿润透气，夏季切忌太阳直射。

繁殖常用播种法或分株法进行，目前多采用分株法。选取根头大、芽头粗壮的健壮母株，将每株至少分成3簇，每簇有芽2～5个，带有3个以上的小块根。切口要小，并抹上石灰以防感染，摊晾1天后即可种植。

很少有病害，常见虫害为红蜘蛛，5～6月危害叶部，可喷波美度石硫合剂或用杀虫脒水剂喷雾，每周1次，连续2～3次即可。

183. 吊兰

吊兰，又名盆草、钩兰、挂兰、桂兰、吊竹兰、折鹤兰、蜘蛛草、飞机草等，为百合科吊兰属，原产地南非。吊兰是常见的室内装饰植物之一，叶片娇秀细软，姿态优雅，在家具的柜顶上高置套盆，任其蔓茎从容下垂，宛如绿色瀑布，另外吊兰可以净化室内空气，给人以舒适的居住环境。

吊兰的种类繁多，形态各有不同，繁殖的方法也各有特点，常见的有五种：吊兰，枝干与叶片不分，叶片下垂，叶呈深绿色，每年六、七月开花，花有淡黄和白色两种。 紫吊兰，枝秆成节状，每节生叶，叶柄全部紫红色，叶片厚而有光泽，均向下垂，每年6～10月开花，花色粉红。 花吊兰，枝秆成蔓性，枝叶下垂，叶片像桃形，叶的边缘有金色花纹，并通过叶脉中心，叶的背面为紫色并放出光亮。 金边吊兰，在绿色的叶片上有黄色的线条围绕叶的周围，配衬起来特别好看。 银边吊兰，绿色叶片上，由白色涂边，更为鲜艳，观看起来，更有特色。

吊兰喜温暖、湿润及半阴环境，不耐干旱。家养吊兰夏季要避日晒，白天放在室内观赏。有条件的晚上放室外避风处（但要通风）。据生长情况，春季4月结合换盆进行分株繁殖，换盆后放半阴处。土壤要求疏松和富含腐殖质并排水良好，土壤过湿过干都会造成枝叶枯黄。

盆养吊兰，一般情况下，易出现叶尖干枯、叶片逐渐失去光泽等现象，为养护管理好吊兰，需采取如下措施：

⑴ 春、秋季应避开强烈阳光直晒，夏季阳光特别强烈，只能早晚见些斜射光照，白天需要遮去阳光的50%～70%，否则会使叶尖干枯，尤其是花叶品种，更怕强阳光，金边吊兰在光线弱的地方会长得更加漂亮，黄色的金边更明显，叶片更亮泽。但冬季应使其多见些阳光，才能保持叶片柔嫩鲜绿。

⑵ 要经常保持盆土湿润，夏季浇水要充足，中午前后及傍晚还应往枝叶上喷水，以防叶干枯。室内常多灰尘，应经常喷洗枝叶，以保持枝叶艳亮美观。下部枯叶、黄叶要随时摘去，平时要保持正常湿度，不宜干燥，也不宜过湿。在每年的3月应换土、换盆一次。若盆较深，基肥较足，可两年换盆一次。在翻盆时，将植株从盆中磕出，剪去枯腐根和多余的根系，换上新的富含腐殖质的培养土，再施以腐熟的饼肥作基肥。栽好后，放半阴温暖处缓苗。

⑶ 病虫害防治：常见病害有大霉病、炭疽病、白粉病，当通风不良、光照不足、植物摆放过于拥挤、湿度过大时容易发生，常危害叶片、嫩枝和花，被害部位产生暗绿色、褐色、紫褐色病斑，发病时可用50%多菌灵可湿性粉剂和倍液、80%代森锰锌50倍液、75%百菌清500倍液交替喷洒。常见虫害有介壳虫，一般在温暖、多雨的条件下容易发生，可用氧化乐果乳油喷杀。

184．芦荟

芦荟，又名龙角、油葱，为百合科芦荟属，原产地非洲的亚热带荒漠地带。家庭盆栽芦荟，不仅可以美化居室，还可有效清除室内的三氯乙烯、硫比氢、苯、苯酚、氟化氢和乙醚等，又可以随时采摘，获得最新鲜的芦荟叶片，供家庭保健使用。

常见的芦荟品种：

库拉索芦荟又称美国芦荟。须根系，茎干短，叶簇生在茎顶。叶呈螺旋状排列，厚肥汁浓。叶子呈粉绿色，布有白色斑点，随叶片的生长斑点逐渐消失，叶子四周长莱刺状小齿。它能应用在食品、药品、美容品等方面。主要是提取芦荟原汁、浓缩汁、结晶粉，部分亦作家庭盆栽观赏用。

中国芦荟又称斑纹芦荟，是库芦荟的变种。中国芦荟茎短，叶近簇生，幼苗叶成两列，叶面叶背都有白色斑点。叶子长成后，白斑不褪。叶子长约35 cm，宽5～6 cm，植株形似翠叶芦荟。闽南的中国芦荟植株个体明显比翠叶芦荟小。具有药用和美容价值，嫩叶可做芦荟沙拉原料食用。

木立芦荟又名小木芦荟，被视为民间药草而广受欢迎的芦荟就是指这种木立芦荟。在医学上，木立芦荟已经被检验出具有很多有效成分，是一种公认最有效的品种。在药用方面，叶子除了可以生吃、打果汁外，还可以加工成健康食品或化妆品等。由于容易处理，它也适合作食用的家庭菜。

开普芦荟又称好望角芦荟，这是一个大型品种群，高度达6 m，茎干木质化，叶30～50片，簇生茎顶，叶子大而坚硬，带有尖刺，叶深绿色至蓝绿色，被白粉。开普芦荟是中药新芦荟干块的原料，是一种传统的药用植物，各国药典都有载列。

皂质芦荟，须根系，无茎，叶簇生于基部，呈螺旋状排列，叶呈半直立或平行状。其叶汁如肥皂水，十分滑腻。皂质芦荟变种较多，如广叶皂质芦荟，叶上有白色条斑、纹理清楚，叶片宽大，具有较高观赏价值。皂质芦荟叶片薄，新鲜叶汁有护肤作用。但所含黏性叶汁不如库拉索芦荟丰富。多用于观赏，无大面积的产业化栽培。

芦荟生性畏寒，但也是好种易活的植物。当然，要使芦荟长得快，繁殖多，就必须加强管理。

首先，盆栽芦荟宜选透气性好的泥瓦盆。若选用新盆，则应用水浸透，否则上盆后浇水不易把盆渗透，半干半湿的盆壁会伤新根。如用旧花盆，则应把盆土残渣、青苔洗刷干净，放在阳光下晒干再用，既能增加盆体透气性，又能预防病虫害。新上盆的芦荟宜放在半阴处养护，待缓苗后再移至阳光处，等生根以后才能多见阳光。

其次，芦荟耐干旱能力特强，长时间不浇水也不会干死，但生长受到抑制，叶片干瘪无汁，利用价值降低。春、夏季的浇水时间应在清晨和傍晚，冬季应在中午进行。浇水后注意松土，以减少水分蒸发，有利于生出新根。

常用繁殖方法有三种，一是扦插法，在3～5月从老茎上切下嫩枝，放置几天，待切口干后，即可种植；二是分株法，在4～7月或9～10月，从母株与子株的根部分开，然后扦插；三是种子繁殖，一般在晚秋及炎热的夏天播种。

病虫害防治：介壳虫，可用氯氰菊酯喷雾防治，幼苗期可用三硫磷喷雾防治。红蜘蛛，可用乐果乳油喷洒，每隔3～4天喷1次，可连续喷几次；根腐病，应及时将健康的未腐烂的茎切下来，待切口干后，再重新种下。

185．翠花掌

翠花掌，又名千代田锦、什锦芦荟、斑纹芦荟等，为百合科芦荟属，原产地非洲南部。

翠花掌喜温暖、干燥的半阴环境。不耐寒，畏高温多湿，忌强光暴晒，适合在光线明亮又无直射阳光处生长。

春、秋季及初夏是植株生长的旺盛期，保持盆土湿润而不积水，每10天左右施1次腐熟的稀薄液肥或复合肥。冬季放在阳光充足的室内，10℃以上可继续浇水，并酌情施些薄肥，使植株生长；如果节制浇水，使植株休眠，也能耐3～5℃低温。每年春季换盆一次，盆土要求疏松、肥沃，具良好的排水、透气性，并含有适量的石灰质。可用腐叶土或泥炭土3份、园土2份、粗沙或蛭石3份，并掺入少量骨粉等石灰质材料混匀后使用。栽培中如果盆土积水，容易引起烂根，可将植株从盆中扣出，去掉烂根，晾5～7天后重新栽种，栽后保持盆土稍有潮气，待长出新根后再进行正常管理。

繁殖常用分株法，可结合春季换盆进行，也可在生长期间将老株周围萌生的幼苗挖出，晾1～2天后栽入沙土中，有根无根都能成活。

常见病害为根腐病，应及时将健康的未腐烂的茎切下来，待切口干后，再重新种下。常见虫害为介壳虫，可用氯氰菊酯喷雾防治；红蜘蛛，可用乐果乳油喷洒，每隔3～4天喷1次，可连续喷几次。

186. 一叶兰

一叶兰，又名蜘蛛抱蛋、箬兰，为百合科蜘蛛抱蛋属，原产地中国海南岛、台湾等。花小，紫红色，紧贴土表开放，犹如蜘蛛护蛋而立，故此得名。

一叶兰喜湿润温暖环境，忌直射阳光，较耐寒，要求疏松而排水良好的土壤。主要栽培变种有，斑叶一叶兰，叶面有白色斑块；金线一叶兰，叶面有白色或黄色线条。

盆栽可用腐叶土、泥炭土、细沙土加少量基肥配制成混合土。在明亮的室内可以常年生长，春末可搬至室外半阴处，秋末再搬回室内。在极荫蔽处可以维持几个月而不死亡，但影响来年新叶萌发和生长，故在极荫蔽室内放置一段时间后应调换到适宜的遮阴处休养。每年春季新叶抽生之际不可过分荫蔽，应遮光70%～80%或置于明亮室内，否则新叶长得细长，降低观赏价值。平时管理较简单，保持荫蔽和湿润即可健壮生长。

浇水一定要见干见湿进行，盆土表面不干无需浇水，浇则浇透为好，能耐受短期的涝渍，也能适应短期的干旱，但有少许的黄叶。春夏生长时期，每 2 周施一次液肥则效果更好，叶面有斑点的品种不宜施重肥，否则叶面斑点可能消失。

繁殖常用分株法，可在春季翻盆时进行，将大丛植株盆内取出，轻轻抖去盆土，按根状茎的走向顺势将其用快刀切开，应该使每丛根状茎带有8～9个芽。将分割好的一叶兰新株上盆后置于半荫蔽处养护。

一叶兰常见病害有炭疽病，可以喷甲基托布津可湿性粉剂防治；常见虫害有黑褐圆盾蚧，可每7天喷施马拉硫磷乳油1次，共用药2～3次。

苹果竹芋

187. 竹芋

竹芋，为竹芋科，原产地南美热带雨林地区。在竹芋科植物中，品种最多，栽培较广泛的是肖竹芋属，约有150多种，此外竹芋属、锦竹芋属、卧花竹芋属也有部分品种栽培。

竹芋主要的品种有：

竹芋，根茎粗大肉质白色，末端纺锤形，具宽三角状鳞片。地上茎细而分枝，丛生。叶具叶柄较长，叶表面有光泽，背面颜色暗淡。

白脉竹芋又称条纹竹芋，茎短，无块状茎。叶尖钝尖或具很短的锐尖头；叶正面淡绿色，沿主脉和侧脉呈白色，边缘有暗绿色斑点，背面青绿色稀红色，叶柄长2 cm。

花叶竹芋又名双色竹芋，无明显的根状茎。叶长椭圆形，缘稍具波状，叶面浅绿色，有光泽，沿主脉是深绿色条纹，两侧有紫红色斑纹，叶背、叶柄淡紫色，叶柄的2/3以上为鞘状。

艳锦密花竹芋又名三色竹芋、四色竹芋，锦竹芋属植物。地下有根状茎，丛生。叶长椭圆状披针形，全缘，叶面深绿色，具淡绿、白色、淡粉红色羽状斑纹，叶背、叶柄均为暗紫色。

紫背竹芋，卧花竹芋属植物。叶在基部簇生，具短柄，叶片长椭圆形至宽披针形，叶面深绿色，有光泽，叶背紫褐色。

天鹅绒竹芋又名斑马竹芋、斑叶竹芋，肖竹芋属植物。植株具地下根

紫背竹芋

美丽竹芋

茎，叶片长椭圆形，叶色有华丽的天鹅绒光泽，并伴有深绿略带紫色和浅绿色交织的斑马形的羽状条纹，叶背深紫红色。

浪星竹芋也称波浪竹芋肖竹芋属植物。茂密丛生。叶基稍歪斜，叶片倒披针形或披针形，叶面绿色，富有光泽，中脉黄绿色，叶缘及侧脉均有波浪状起伏，叶背、叶柄都为紫色。另有白浪星竹芋，其叶背呈白色；小浪星竹芋，株型矮小而紧凑。

美丽竹芋也称彩月肖竹芋，肖竹芋属植物。叶卵圆形至披针形，先端钝圆，革质，叶面暗绿，在侧脉之间有很多对象牙形白色斑纹，其纹理十分清晰，叶背紫红色。

箭羽竹芋又称披针叶竹芋，肖竹芋属植物。披针形叶片，叶面灰绿色，边缘颜色稍深，沿主脉两侧、与侧脉平行嵌有大小交替的深绿色斑纹，叶背棕色或紫色。

圆叶竹芋青绿色叶片形如苹果，故又称苹果竹芋、青苹果竹芋，肖竹芋属植物。具根状茎，叶柄绿色，直接从根状茎上长出，叶片硕大，薄革质，卵圆形，新叶翠绿色，老叶青绿色，有隐约的金属光泽，沿侧脉有排列整齐的银灰色宽条纹，叶缘有波状起伏。

豹纹竹芋也称条纹竹芋、兔脚竹芋、绿脉竹芋、祈祷花，竹芋属植物。节间短，多分枝，茎匍匐生长，叶宽矩圆形，基部心形，前端尖凸，正面淡绿色，有光泽，侧脉6～8对，脉间有两列对称呈羽状排列的斑纹，初为灰褐色，后呈深绿色，如兔的足迹，叶背灰绿色。

孔雀竹芋，因叶片上的斑纹形似孔雀的尾羽而得名，肖竹芋属植物。叶从基部长出，簇生。叶片卵形或椭圆形，叶面白绿或灰绿色，沿中脉左右交互排列有深绿色斑纹或条纹，叶背紫红色，也有同样的斑纹，细长的叶柄深紫红色；白色小花生于穗状花序苞片内，不甚显著。

毛柄银羽竹芋，又名银叶栉花竹芋，茎匍匐生长，叶柄细长似芦苇，叶片披针形，银白色，中脉及叶缘银绿色，在中脉两侧排列有长短交替的银绿色斑纹，其长的斑纹与叶缘相连，叶背紫色。

金花竹芋，又名金花冬叶、黄苞竹芋，肖竹芋属植物，是竹芋中为数不多的既能观花，又可赏叶的品种。植株丛生，高15～30 cm。叶片长椭圆形，全缘，稍有波浪状起伏，叶面橄榄绿色或暗绿色，叶背淡红或红褐色。

竹芋类植物其生长要求疏松、肥沃的土壤，故常以园土、腐叶土和泥炭土配制，并调入一定量的基肥。盆栽时盆具形状与颜色宜选用与植株相配合的，以达到最佳观赏效果。

天鹅绒竹芋

竹芋喜光又怕强光，光照太强又怕灼伤叶片，太弱，叶色又不鲜艳，生长不良。生长要求高温高湿的气候环境。最适宜的生长温度18～30℃，低于10℃时进入休眠状态，有的物种则茎叶干枯，此时应控制浇水，有待来春再发新株。

竹芋对湿度也很敏感，太干易使叶片曲卷或失去光泽，影响观赏效果。在生长活跃期必须大量供水，并经常保持盆土湿润，且最好用雨水，避免在叶面上积石灰物。

竹芋类植物生长较快，对肥料需求也较大。除上盆时调入基肥外，在生长活跃期内，每15天左右需要追肥一次。追肥以腐熟的饼肥为主或用复合肥，不宜用氮肥，以防止花斑减少，降低观赏价值。

繁殖常用分株法和扦插法。其中常规繁殖常采用分株繁殖。分株繁殖春秋两季皆可进行，但以春季结合换盆较好。分出的每个子株都要保留5片叶片。分切后立即将盆置于阴凉处，一周后移至光线较好的地方，初期应控制浇水，待发出新根后再充分浇水；扦插，将根茎从根茎的茎节处用利刀切下，每段保持1～2个节，分切后立即将盆置于阴凉处，1～2周能形成新根。

竹芋类植物的病虫害较少，但在空气干燥、通风不良的条件下，易生介壳虫、粉虱等，可用亚胺硫磷乳剂或氧化乐果喷杀。

毛柄银羽竹芋

孔雀竹芋

188. 仙人掌

仙人掌，为仙人掌科，原产地热带、亚热带干旱地区。其茎肉质，呈球状、柱状或扁平，常有关节和分枝，茎上有螺旋状排列的特殊刺座。仙人掌类植物具有减少空气污染、净化空气的功能，其肉质茎上的气孔白天关闭，夜间打开，吸收二氧化碳，制造氧气。

仙人掌科植物有140余属2 000种以上，其常见品种有：

金琥，为仙人掌科金琥属，球体深绿色，刺坚硬，呈金黄色，顶部的绵毛亦为金黄色，花开在近顶部的绵毛丛中，黄色。本种有几个变种：白刺金琥，刺为白色。白刺金琥冠，是白刺金琥的缀化品种。狂刺金琥，刺不规则弯曲。短刺金琥，大型球，直径达1 m，刺很短。

仙人球，为仙人掌科仙人掌球，种类很多，约有40个品种，球形各不相同，有茎球形、椭圆形，有纵棱，呈辐射状排列；刺毛长短、疏密也不一样；花的颜色有金黄色、白色、红色等颜色。

仙人掌，为仙人掌科仙人掌属，植株为灌木或乔木状、多分枝、基部木质化；茎节椭圆形、肥厚为绿色；刺窝处着生1～21条针。叶小、呈针状而早落。花着生在茎节的上部；萼片多数，向内渐成花瓣状；花黄色。

量天尺，为仙人掌科量天尺属，附生性多浆肉质植物。茎粗壮，深绿色，具三棱。花大形，白色，有芳香，5～9月晚间开放。

昙花，为仙人掌科昙花属，灌木状主茎圆筒形，木质。分枝呈扁平叶状，多具 2 棱，少具 3 翅，边缘具波状圆齿。刺座生于圆齿缺刻处。幼枝有刺毛状刺，老枝无刺。夏秋季晚间开大型白色花，花漏斗状，有芳香。

叶仙人掌，为仙人掌科叶仙人掌属，呈灌木状，幼年植株直立，以

银琥

金琥

后长成藤本，蔓长2～3 m。刺座上有1～3个短钩刺，老茎上部刺座上有直立的暗褐刺。具正常叶片，披针形至卵圆形。花簇生成圆锥状或伞房状花序，白色。

仙人指，为仙人掌科仙人指属植物，扁平茎节淡绿色，长3～3.5 cm，宽1.5～2.5 cm，有明显的中脉，边缘浅波状。花为整齐花，长约5cm，红色。花期2月，正逢圣烛节，因此也称“圣烛节仙人掌”。

仙人掌类植物，其种类繁多，形色各异，且耐干、耐寒、耐高温等特点，管理粗放，颇受花卉爱好者的钟爱，早已成为人们生活与点缀环境的重要植物之一。但在养护仙人掌科花卉植物过程中，常有人会走入栽培的误区，认为只要一年四季给植株晒太阳，给予高温干旱条件，用粗沙栽植等，就能把这类花养好。其实并不那么简单，要栽培管理好仙人掌还必须注意以下几点：

⑴ 适时换盆。要将植株根部的土抖干净，老根、烂根和半枯根统统剪掉，注意不要把主根即所谓的“萝卜根”剪掉，健康根仅留下3～4 cm长，把剪根后的植株放在阴凉通风处晾5～6天后重新栽种，这样发根又快又好。若老株旁有幼株，可将其掰下，将根系适当修剪后，另行栽种即成为新的植株。

⑵ 适时浇水。仙人掌类原产热带沙漠地区，且有一定的耐干耐寒和耐高温特性，若不经常浇水，致使生长期缺水，影响生长发育，易失去观

仙人球

仙人掌

龙神木

量天尺

赏价值。浇水以见干见湿为宜，切忌夏季中午浇水，防止盆内积水，以防烂根。仙人掌类具有一定的耐盐性，用较低浓度食盐水浇灌，可促进生长发育，一般用1%～2%的食盐水浇灌，可促进生长。

⑶ 适量施肥。尤其在生长旺盛期不仅不能缺肥，而且要加大肥料供应，盆土干燥结合浇水施肥。

⑷ 忌强光直射。仙人掌科植物是喜阳性植物，但能在室内散射阳光的条件下良好生长。在夏季炎热强光下，生长受到一定的抑制，须防夏季强光直射，养护可适当遮阴。

⑸ 仙人掌科植物主要繁殖方法。主要是扦插，一般于4～6月及9～10月间进行，切取一段肉质茎放阴处半天到1天，等切口干后再插，插前少灌水，插后到发根前不浇水，用报纸略遮阴，过干可喷雾，发根后用掺沙的培养土(腐叶土、炉渣)栽植。

⑹ 病虫害防治。病害主要是腐烂病，易危害仙人掌，应立即用利刀切除有病组织，并在切口涂上木炭粉或硫磺粉，同时节制浇水或换盆，另行扦插或嫁接，最好定期喷洒氧氯化铜悬浮剂预防。虫害有介壳虫，可喷施氧化乐果乳剂；红蜘蛛，可喷施三氯杀螨醇可湿性粉剂或三氯杀螨醇乳油；蜗牛和蛞蝓，可在花盆周围喷洒石灰粉，也可以施用灭蜗灵颗粒药剂。

189. 绿萝

绿萝，又名黄金葛、魔鬼藤、石柑子，为天南星科喜林芋属，原产地所罗门群岛。绿色的叶片上有黄色的斑块，绿萝藤长数米，节间有气根，随生长年龄的增加，茎增粗，叶片亦越来越大。叶互生，绿色，少数叶片也会略带黄色斑驳，全缘，心形。

绿萝喜温暖多湿及半阴环境，可常年放在室内培养，能有效吸收空气中甲醛、苯和三氯乙烯等有害气体，但是其液汁有毒，碰到皮肤会引起红痒，误食也会造成喉咙疼痛。

盆土宜选用腐叶土或泥炭土、园土为主，另加1/5河沙混匀配制的培养土。春夏秋三季放在通风良好的东西或北面窗口附近，冬季移至朝南窗台附近，让其多见阳光，则叶色油绿。生长适温为20～30℃，冬季室温不宜低于15℃。生长季节浇水以经常保持盆土湿润为好，夏季在充分浇水的同时，还要注意经常向叶面上喷水。生长旺季2～3周需施1次氮磷结合的稀簿液肥。幼株宜每年换1次盆，成株每2年换1次盆。

绿萝有时会发生叶黄落叶的情况，主要原因是由于浇水过多，盆土过湿造成根部腐烂而导致的。空气过于干燥，则造成叶黄，甚至枯死。长时间摆放在阴暗的地方或长时间通风不良、肥料浓度过高产生叶黄落叶。

繁殖可采用无土法进行，春秋季剪取两节茎段作插穗，插入素沙中即可生根。若采取叶插法，可将切取的上部健壮叶片的叶柄基部插入清洁的水中，放遮阴处，隔3～5天换1次水，1个月左右便可生根。

室内盆栽绿萝，常见的病虫害有叶斑病和根腐病，防治的方法：一是清除病叶，注意通风；二是发病期可喷多菌灵可湿性粉剂，也可灌根。

190. 喜林芋

喜林芋，又名喜树蕉，为天南星科喜林芋属，原产地哥伦比亚。其叶形奇特多变，气生根纤细密集，姿态婆娑，而且很耐阴，放置在室内，令人仿佛有进入热带雨林之感受。

喜林芋喜高温高湿和较荫蔽的环境，室内较暗处和春秋阳光下都能较好地生长。它不耐寒冷，冬季越冬温度宜在10℃以上，喜林芋性较强健，养护需要掌握好温度和湿度两大因素。生长季节宜每月给植株松土1次，中小型植株可每年于春季发芽前翻盆1次。生长季节可每隔半月追施1次腐熟的稀薄饼肥液，也可浇施0.2%的磷酸二氢钾混合液。气温降至15℃以下时，应停止追肥。夏季气温超过35℃时也不可施肥，以免造成烂根。

喜林芋在6～9月生长最快期间要勤浇水，保持土壤湿润，且每天要喷水1～2次，以增大湿度。但这段时间要避免阳光暴晒，适当给予明亮的散射光较好。冬季要减少浇水，保持盆土稍湿润，但水不能太冷。若能用微温水擦去其叶面灰尘，则更能使叶面光亮青翠。

喜林芋的繁殖，一般采用扦插法。只要在生长季取茎蔓1～2节带一张叶片（有气生根的可连根），插入沙床，就很容易生根成活，对较老的植株，由于下部叶片脱落，影响观赏，可采用短截的方法，促进腋芽萌发，截下的茎还可用来扦插。

喜林芋常见病害为叶斑病，可用多菌灵或百菌清喷洒防治；常见虫害为介壳虫，可用氧化乐果乳油喷杀。

191．蔓绿绒

蔓绿绒，又名春羽、裂叶喜树蕉，为天南星科喜林芋属，原产地美洲热带地区。其叶片宽，手掌形，肥厚，呈羽状深裂，有光泽；叶柄长而粗壮，气生根极发达粗壮，纷然披垂，将其布置室内，大方清雅。

盆栽用土可用腐殖土、泥炭土加少量河沙配成。春季换盆时施足基肥。同时应将纠结在一起的主根老根进行适当的修剪，促其多长新须，以避免根系吸收不良，难以支撑较大的叶片。

蔓绿绒适应性强，对环境条件要求不高，10℃左右就开始生长，生长期宜放置在半阴处，夏季要避免烈日直射。在室内盆养，宜放置在窗户附近。要经常保持土壤湿润，干燥时，应向植株喷水。5～9月为生长旺季，每月施肥水1～2次，不可过多，否则会造面叶柄长而软弱，不易挺立，影响观赏效果。冬季保持5℃左右即可，盆土不可太潮。

繁殖常用分株法，生长旺盛的植株可在基部萌生分蘖，待小芽长大并出现不定根时，将其分割下来另行盆栽。也可选择一株节间较长的植株，除保留顶芽及一片叶子外，其他的叶子均去掉。然后将顶芽带1～2条气生根切下，直接上盆或扦插到插盆内。剩下的植株原盆不动，置于潮湿半阴处养护，使盆土保持湿润。蔓绿绒节间叶柄的基部再生能力很强，切去顶芽后会很快萌发新芽。早春切顶的植株，20天后即在节间叶腋处有数芽萌发；7月切顶的仅1周就能长出芽点。新萌发的幼芽，20天后即可连同一部分根分别切下上盆。

常发生叶斑病、枯梢病危害，可用代森锰锌可湿性粉剂喷洒防治。

192. 合果芋

合果芋，又名箭叶芋、紫梗芋、丝素藤等，为天南星科合果芋属，原产地中美、南美热带地区。其株态优美，叶形多变，色彩清雅。

合果芋的养护管理 要注意以下几点：

(1) 既不可过于荫蔽，也不可在强烈的阳光下暴晒，最好以半阴或散射光养护，冬季的光照需求略高于其他季节。

(2) 喜高温高湿，不耐严寒，生长温度需要保持在20～30℃，越冬温度不可低于15℃。

(3) 盆土需要保持湿润，不可干旱，做到宁湿勿干即可，温度高时浇水略勤些，温度低可保持盆土干湿交替即可。为保持较高的湿度，应经常向植株或生长环境中喷水、洒水增湿，保持在70%左右为宜。

(4) 施肥不可一次过量，需要淡肥勤施，特别是在5～9月，需要的肥料较多些。冬季可少施或不施。

合果芋的繁殖主要采用扦插法，在夏、秋季进行，选取带有2～3片叶子的幼嫩茎段作为插穗，插入沙床或其他基质中，遮阴，保湿，很快就可以生根，繁殖较快。

合果芋常见病害有叶腐病，发病期及时喷施农用硫酸链霉素可溶性粉剂或新植霉素、可杀得干悬浮剂、加瑞农可湿性粉剂防治，每10天1次，连防2～3次；常见虫害有介壳虫、粉虱、蓟马，可用辛硫磷、氧化乐果乳油喷杀。

193. 花叶芋

花叶芋，又名彩叶芋、二色芋，为天南星科花叶芋属，原产地南美洲。叶面有红色、白色、黄色等各种透明或不透明的斑点。

花叶芋喜高温高湿的环境，适生于疏松、肥沃、排水良好的酸性土壤中。定植后随着新叶的长出，可逐渐加大浇水量。此时每天需接受数小时的散射日光，环境温度保持在22～28℃。生长期应保证充足的水肥，每隔15天左右施1次腐熟的稀薄液肥，施肥时肥液不要玷污叶片。夏季炎热时，要避免强光直晒，中午要遮阳，以免灼烧叶片。每天上、下午分别浇水1次，要注意保持较高的空气湿度，应经常向植株叶片喷水和向花盆周围洒水。生长期还要及时剪除变黄下垂的老叶，如有抽生花茎也要剪除，以便使养分集中，促发新叶。

花叶芋色彩变淡，叶柄变软均是因光照不足而致。花叶芋忌阳光直射而喜半阴，在荫蔽度50%～70%时生长最为良好，叶色也最鲜艳，但过于荫蔽时，花叶芋鲜艳的叶色会变淡，同时叶梗变软，叶片长得瘦弱细长。应把盆栽花叶芋移至光照较理想之处养护，可恢复正常的生长状态。

繁殖常用分株法，多在每年4～5月进行，繁殖基质宜选用富含腐殖质的沙质壤土，将其块茎用利刀根据其大小分割成数块，每块上应该带有3～4个芽，在伤口上涂抹少量木炭粉即可进行定植，注意在植株发芽前的一段时间里，避免浇水过多，应该保证环境温度在22～28℃，如果环境温度太低，则被分割的花叶芋茎特别容易腐烂。

花叶芋很少有虫害，常见病害为叶斑病，多发生在叶片生长期，可用代森锰锌、多菌灵可湿性粉剂或甲基托布津可湿性粉剂喷洒防治。

194. 绿巨人

绿巨人，又称绿巨人白掌、大叶白掌，为天南星科苞叶芋属，原产地哥伦比亚。叶阔椭圆形，全缘，革质，叶肉较厚实，叶色墨绿色，微被白粉。

绿巨人喜荫蔽、凉爽、湿润的环境和肥沃的土壤，忌干旱、高温和阳光直射。盆栽绿巨人宜用疏松、排水和透气性好的土，忌用黏重土。一般可用等量的腐叶土和泥炭土加入少量的小木炭块或珍珠岩配制而成，加入适量农家肥作基肥。

绿巨人的养护管理要注意：①及时浇水。保持盆土湿润而又不积水。绿巨人怕干燥气候，每天需喷1～2次叶面水，使空气温度较高，才有利于它的正常生长。②按时施肥。生长季节每周要追施1次液体肥料，使其叶色浓绿光亮，观赏价值倍增。③防止阳光直晒。就是春、秋季的直晒阳光对它生长亦有害，冬季可不遮阳光。若摆设在阴暗的室内，50天左右即应搬到明亮处，让它慢慢恢复正常生长。④室内冬季夜间最低温度需保持在15～18℃，并应保持盆土湿润。

繁殖一般采用分株法，生长健壮的盆株2年左右可以分株1次。分株宜在早春结合换盆一并进行，在新芽萌发之前，将整株从盆中磕出，去掉旧的培养土，从株丛基部将根茎切割开，使分开的每一小丛最好有两个以上的芽。

绿巨人抗病虫害能力较强。在通风不良时，偶尔可见蚜虫和绿蟒象为害心叶，加强通风可以预防，一旦发现虫情，可人工抹除或用氧化乐果乳油、一遍净喷杀。

195．银后亮丝草

银后亮丝草，又名粗肋草，为天南星科粗肋花属，原产地中国和东南亚一带。其叶片宽阔光亮，四季翠绿，特别是夏季观叶，有凉爽之感，是目前栽培比较广泛的室内盆栽观叶植物。

适宜肥沃、疏松和保力水强的酸性壤土。盆栽土壤可以培养土、腐叶土、泥炭土和沙等混合物为基质。

银后亮丝草耐阴、怕强光，在明亮和散射光下，叶片生长和叶色表现最佳，盛夏遇强光暴晒，叶面变白黄枯，引起叶片灼伤。其生长适温为18～30℃，冬季温度不低于12℃，如温度在8℃以下，叶缘和叶尖受冻枯萎。

银后亮丝草喜湿怕干，茎叶生长期需充足水分，除正常浇水外，每天早晚喷水。但冬季室温较低时，浇水和喷水量要减少，否则盆土过湿，根部易腐烂，叶片变黄枯萎。

繁殖常用分株法和扦插法，分株繁殖一般在春季换盆时进行。植株从盆内托出，将茎基部的根茎切断，涂以草木灰以防腐烂，或稍放半天，待切口干燥后再盆栽。栽后浇水不宜过多。扦插宜在春、夏季进行，选取粗壮的嫩茎做插穗，保留顶端2片叶，插入沙床。也可用水插，接穗可直接插在盛清水的玻璃瓶内，每2天换水1次，15～20天即可长出新根。

病虫害的防治，对细菌性叶斑病和炭疽病，可定期喷洒等量式波尔多液防治；如发现茎腐病和根腐病危害，用多菌灵可湿性粉剂喷洒防治。另有根结线虫危害，用呋喃丹颗粒剂防治。

196. 花叶万年青

花叶万年青，又名巨花叶，天南星科花叶万年青属，原产地南美洲热带的巴拿马、哥伦比亚、秘鲁等。它以秀色雅致的叶片而闻名于世，株型整齐洒脱，优雅大方。

花叶万年青全株有毒，茎毒性最大，其次是叶柄和叶，汁液与皮肤接触时引起搔痒，误食则口喉极端刺痛，并导致声带麻痹。

花叶万年青喜阴，栽培时应置半阴或疏阴处，不可接受过强的直射阳光。但当光线过暗时，会导致叶片褪色。忌低温，冬季温度不可低于15℃，否则就会出现顶叶溃烂等病害。春夏两季必须浇大量水，雨水最宜。而每年10月至翌年3月需保持见干见湿的状态，浇花用水最好用温水。3～8月，每14天施一次氮肥，但植株长大成型后应减少施肥。每年春天更换大一些的盆，盆土用草炭土加少量黏土，并加上长效片肥和炭粉，比较适合其生长需要。

繁殖多用扦插法，选生长繁茂并有三四个芽点的茎节，横着插入以草炭土为主和少量细沙的基质内，并将叶片剪去1/2。花叶万年青常见病害有叶斑病，可及时清除病残叶片并在发病时喷洒波尔多液或多菌灵进行防治；炭疽病，可用波尔多液、代森锰锌或甲基托布津喷洒防治。常见虫害有褐软蚧，虫数不多，一般用竹片等物将虫体刮除即可，若虫孵化期可用氧化乐果乳油喷洒，还可以喷洒5%亚胺硫磷乳油喷杀。

197. 观音莲

观音莲，又名黑叶芋、黑叶观音莲，为天南星科海芋属，原产地墨西哥。其株形紧凑直挺，叶片宽厚并富有特殊的金属光泽；叶脉清晰如画，极富诗情画意，为风格独特的观叶植物。

观音莲盆栽宜用疏松、排水通气良好的富含腐殖质的土壤，一般可用腐叶土、园土和河沙等量混合作为基质。4～9月为其生长旺盛期，要求土壤湿润及空气湿度较高，要给予充足的水分，尤其夏季高温期，叶片水分蒸发量大，需水量更多，如缺水极易使叶片萎蔫，所以须经常向叶面喷水，同时保持环境湿润，但必须避免盆中积水，否则会引起根系腐烂。秋天气温低于15℃，观音莲生长停滞而呈休眠状态，应减少浇水量，保持盆土适当干燥（只带微湿）以利于安全越冬；如果湿度大，温度低，块茎极易腐烂。

在生长旺盛期可根据植株生长情况，每月施1～2次稀薄液肥，并增施磷钾肥，以利植株茎干直立，生长健壮。

观音莲宜在半阴条件下生长，如光照太强，容易使叶色暗淡，甚至产生日灼。但光线太弱也易引起徒长，植株生长纤细而易倒伏。

常用分株法繁殖。一般于每年春夏气温较高时，将地下块茎分蘖生长茂密的植株沿块茎分离处分割，使每一部分具有2～3株，然后分别上盆种植。分株时尽量少伤根，同时上盆后宜置于阴湿环境，保持盆土经常湿润，并注意叶面喷雾，以利新植株恢复生长。

病虫害防治，常有锈病、叶斑病和根结线虫危害，可用百菌清可湿性粉剂喷洒防治，根结线虫用呋喃丹颗粒剂防治。虫害有黑象甲危害，用西维因可湿性粉剂喷杀。

198. 海芋

海芋，又名滴水观音，为天南星科海芋属，原产地亚热带地区。

海芋喜温暖湿润及半阴的环境，不耐寒，在排水良好，含有机质的沙质壤土或腐殖质壤土中生长最好。生长季节保持盆土湿润，每月施1～2次稀薄液肥。夏季将其放在半阴通风处，并经常向周围及叶面喷水。入冬停止施肥，控制浇水次数。

海芋在室温8℃时即处于休眠状态，室温在5℃时叶片开始发黄，海芋的越冬温度应在10℃以上为好。如室温达不到要求，可选择休眠越冬的方法。即在秋末冬初时，海芋叶片开始变黄萎缩，这时用剪刀从茎部剪光叶片，停止浇水，清洁盆土后，连盆带海芋置于墙角或搁架上，整个冬季只需每月浇水一次，平时使盆土保持水分10%即可。待到来年的清明节后，将海芋植株从原盆土中倒出，清除枯根、旧土、蘖芽，以配制的培养土重植，浇足水，放于室内见阳光处，10天左右就又会冒出芽叶来。

海芋繁殖可用分株、播种等方法。每逢夏、秋季节，海芋块茎都会萌发出带叶的小海芋，可结合翻盆换土进行分株。秋后果熟时，采收橘红色的种子，随采随播，或晾干贮藏，在翌年春天播种。

海芋常见病害有花叶病、灰霉病等，可用甲基托布津、多菌灵和灰霉灭等喷洒防治。

另外，海芋体内的白色液体有毒，但是只要不误入嘴中或血液中是不会对人体造成任何伤害的。

199. 金钱树

金钱树，又名金币树、雪铁芋、泽米叶天南星、龙凤木等，为天南星科雪芋属，原产地非洲东部地区。植株直立、茎基上部膨大，叶质厚实、叶色光亮，宛若一挂串连起来的钱币。

金钱树喜生于疏松肥沃、排水良好的微酸性腐殖质土中，不耐黏重土壤。喜暖热湿润的气候，生长最佳适温为20～30℃，冬季最低温度需要保持在10℃之上，否则易冻害。

金钱树不耐涝，盆土湿润时可以先不浇，干至七八成时再浇透即可，最好选择雨水浇灌，自来水需要晾晒3天后使用。

金钱树由于根系为块茎类，所以惧怕浓肥、生肥，因此最好施无土栽培或水培专用肥料，浇灌沤制的有机肥稀薄液，可避免因肥害而枯死。

繁殖常用分株法和扦插法，分株时先将大的金钱树植株脱盆，从块茎之间的结合薄弱处掰开，以其块茎的顶端埋在土下1.5～2 cm栽种或将金钱树硕大块茎分切成带有2～3个潜伏芽的小块，将其埋于稍呈湿润的细沙中，待小块茎长成植株后再上盆栽种。扦插时，剪取叶轴或叶轴带叶片的枝条进行扦插，扦插时只留叶片在基质（细沙）外，插后喷透水置于蔽荫处，并维持基质湿润状态，插穗形成一定根系后可移栽上盆。

金钱树的病害主要有叶斑病、褐斑病，可喷施多菌灵、甲基托布津防治；软腐病，可于发病初期浇灌多菌灵、高锰酸钾溶液进行防治；霉污病，可于发病初期喷施甲基托布津防治。虫害主要有红蜘蛛、介壳虫等，一般需要选择专杀药剂进行防治。

200. 龟背竹

龟背竹，又名蓬莱蕉、铁丝兰、穿孔喜林芋、龟背蕉等，为天南星科龟背竹属，原产地墨西哥热带雨林。羽状的叶脉间呈龟甲形散布许多长圆形的孔洞和深裂，其形状似龟甲图案而得名，其夜间有很强的吸收二氧化碳的能力。

龟背竹属强阴性植物，不能被阳光直射，可常年在室内陈设。龟背竹不耐寒，冬季室温不得低于10℃，夏季气温不得高于32℃，最适生长气温20～25℃，20～25天可抽生一片新叶。喜深厚和保水力强的腐殖土，因其肉质根穿透能力弱，土质必须疏松；既不耐碱，也不耐酸。

在养护中应注意：一是注意保湿。龟背竹怕干燥，耐水湿，既要求很高的土壤湿度，又要求很高的空气湿度，若空气干燥，叶面就会失去光泽，生长缓慢并开始焦边，严重时整片叶子会变黄脱落。二是合理施肥。龟背竹的气生根相当发达，不但能吸收空气中的水分，还能吸收空气中的氮，虽然不施肥茎叶也能正常生长，但为了使茎干坚实，叶片挺拔，还是应该施些以磷钾肥为主的液肥。三是适宜光照和通风。除冬季可见斜射光外，其他季节都应蔽荫养护，但室内必须明亮。

盆栽龟背竹也可无土繁殖。方法是将龟背竹茎节间带有叶片或气生根的部位剪下一段，直接扦插于珍珠岩为基质的塑料花盆里，插后放在室内半阴处养护即可。

病虫害的防治。灰斑病，可用甲基托布津或波尔多液喷洒防治。介壳虫，少量发生时，可人工捕捉，严重时，用氧化乐果乳剂喷杀。

201. 荷兰铁

荷兰铁，又名巨丝兰、象脚丝兰、无刺丝兰，为天南星科丝兰属，原产北美温暖地区。荷兰铁不仅外形美观大方，而且能吸收净化室内有害气体如甲醛、氯气等，是室内外绿化装饰的理想材料。

荷兰铁喜阳也耐阴，耐旱，耐寒力强。生长适温为15～25℃，越冬温度不得低于0℃，对土壤要求不严，以疏松、富含腐殖质的壤土为佳。

荷兰铁盆栽可用园土、腐叶土和河沙等量混合作为培养土。生长季保持盆土湿润即可，避免浇水过多，引起积水，而使根部和茎干腐烂。荷兰铁生命力旺盛，对肥料要求不高，生长旺盛期每月施2～3次液肥即可。

荷兰铁生长要求充足的阳光，除了炎热夏季需适当遮荫外，其他季节可在全日照下生长，也可适应不同光照环境。但也不宜过于荫蔽，否则抽长的新叶往往不易老化且发黄，或引起徒长、叶片不健壮而下垂。

常用扦插法繁殖，扦插在整个生长季均可进行，但以春秋季较好。扦插时剪取10～30 cm的芽，待伤口稍晾干后基部沾上黄泥浆，扦插于干净河沙中，一个月左右即可生根。

荷兰铁少虫害，常见病害为叶斑病，发病初期可用百菌清、多菌灵喷洒防治。

202．常春藤

常春藤，又名洋常春藤、长春藤、土鼓藤、木茑、百角蜈蚣等，为五加科常春藤属，原产地中国和巴西。常春藤是一种颇为流行的室内盆栽植物，尤其在较宽阔的客厅、书房、起居室内摆放，格调高雅、质朴，可以净化室内空气、吸收由家具及装修散发出的苯、甲醛等有害气体，为人体健康带来极大的好处。

常春藤枝蔓修长，叶色翠绿，又很耐阴、耐旱，是一种深受人们喜爱的室内绿化材料。

由于常春藤是典型的阴性藤本花卉，所以不能耐受阳光直射。在温暖湿润的气候条件下生长良好，忌碱性土，栽种在肥沃、湿润的土壤中能生长旺盛。因而，盆土需保持湿润，并注意通风，否则会引起病虫害。定植初期应重修剪，这样能促使其多分枝。生长盛期需施入稀薄液肥2～3次，这样就能促使常春藤花繁叶茂。

常春藤的繁殖主要有压条法和扦插法。压条法，在生长期均可进行，将长蔓每隔10～15 cm压上一撮培养土，3周左右便可在其茎节上生出根来，这时连枝带根切取一段进行盆栽，浇足水放半阴处培养，就能成为一株新植株。扦插法，剪取健壮有气根的茎蔓10～15 cm，插入沙床中，浇足水，以后保持土壤湿润，20天左右便可生根。

对常春藤造成侵害的害虫主要有：桃褐卷蛾和二点卷蛾，可喷洒杀螟松进行防治；尺蠖，可采取人工捕杀或喷洒杀螟松等药剂防治；柑橘粉虱，可喷洒氯苯醚菊酯防治。

203. 鹅掌藤

鹅掌藤，又名狗脚蹄、九笔榕，为五加科鸭脚木属，原产地热带和亚热带。枝叶光亮翠绿，侧枝细长，生有褐色孔皮。叶互生掌状复叶，全缘，小叶倒卵状长椭圆形。其生命力特强，宜室内盆栽。

盆栽宜用泥炭土和园土各半混合配制的培养土。生长期间应保持盆土湿润，并需经常向叶面洒水，以提高空气湿度；还需每月施1次腐熟充分的薄肥水，保证植株正常生长。

鹅掌藤耐阴，不宜强光直射，夏季高温季节需要遮阴，但光线过弱也会造成长势差，或下部叶片脱落，所以应注意遮阴，其他季节可以增加光照。冬季室温需保持在10℃以上，才能安全越冬。

鹅掌藤生长速度较快，每年春季应换盆1次，同时增添新的培养土，修剪老枝，剪下的枝条可用作扦插材料。

鹅掌藤系蔓性植物，不能直立生长，应设立支柱让其攀缘生长，以保持其美丽奇特的形态。

繁殖常用扦插法和播种法。扦插一般在4～9月进行，剪取1年生顶端枝条，长8～10 cm，去掉下部叶片，插于沙床，保持湿润，室温在25℃左右，插后30～40天可生根；播种通常在4～5月室内盆播，发芽适温20～25℃，保持盆土湿润，播后15～20天发芽。

鹅掌藤主要病害有叶斑病和炭疽病，可用抗菌剂401醋酸溶液喷洒防治。虫害主要有介壳虫，可用氧化乐果乳油喷杀；另外，红蜘蛛、蓟马和潜叶蛾等危害鹅掌藤叶片，可用二氯苯醚菊酯乳油喷杀。

204．八角金盘

八角金盘，又名八手、手树，为五加科八角金盘属，原产地中国台湾和日本。四季常青，叶片硕大。叶形优美，浓绿光亮，适应室内弱光环境，是深受欢迎的室内观叶植物。

八角金盘喜温暖，畏酷热，较耐湿，怕干旱，极耐阴，怕强光暴晒，对有害气体抗性较强，宜在较阴环境和湿润、疏松、肥沃的土壤中生长，冬季温度不低于－5℃。

八角金盘生长较快，盆栽需每年换盆，补充新鲜肥沃土壤。在4～10月生长期，每2周施肥1次，盛夏盆栽植株移遮阴处养护或观赏，秋季干旱时需注意浇水。经常向叶面喷水并保持盆土湿润。冬季注意防寒。

八角金盘的繁殖常用扦插和分株的方法进行。扦插在梅雨季节用嫩枝扦插，插后1个月左右生根，当年盆栽可供观赏。分株繁殖常在早春换盆时进行，将母株基部的蘖芽带根切下另行栽植。

八角金盘易受炭疽病和叶斑病危害。可定期喷洒波尔多液或用多菌灵可湿性粉剂喷雾防治。虫害有介壳虫危害，可用杀螟松乳油喷杀。

205. 福禄桐

福禄桐，又名南洋森，为五加科福禄桐属，原产地太平洋诸岛。福禄桐属植物有80余种，枝干皮孔明显。叶形因品种而异，羽状复叶，小叶有长椭圆形、披针形、圆肾形、圆斜形或卷叶等变化，叶缘有锯齿。叶色有全绿、斑纹或全叶金黄等，此类植物生性强健，叶姿风情万千，在强光下或荫蔽处均能生长。

栽培福禄桐要注意以下要点：①栽培土质选择性不严，只要排水良好的土壤均能生长，但以肥沃的沙质壤土生育最佳。②全日照、半日照均能生长，但以半日照生育较旺盛。③施肥可用有机肥料或氮、磷、钾，每1～2个月施用1次，盆栽每2～3年换土1次。④每年春季进行修剪整枝，萌发新枝叶更旺盛；若植株老化应进行强剪，促其枝叶新生，平时培养土要保持湿润，有利生长。⑤喜高温多湿，但也极耐旱，生长适温20～30℃，当气温10℃以下时，要减少浇水以预防寒雾。⑥常有炭疽病危害，可用炭疽福美可湿性粉剂、多菌灵可湿性粉剂、甲基托布津可湿性粉剂、百菌清喷洒防治，每隔10天喷1次，连续3～4次即可；通风不良、光线较差、高温高湿的条件下，植株易遭多种介壳虫危害，可用扑虱灵可湿性粉剂或速扑杀氧化乐果乳油喷杀。

圆叶福禄桐

繁殖常用扦插法，春至秋季均能育苗。剪茎顶或中熟健壮枝条，每段10～15 cm，叶片剪半，插于河沙，保持湿度，经3～4周能发根成苗。

福禄桐的汁液有毒，若接触皮肤，可能引起红疹，若误食可能造成肿痛，栽种时特别注意防范。

206．栗豆树

栗豆树，又名绿元宝、澳洲栗、开心果，为豆科栗豆树属，原产地澳洲。叶形披针状椭圆形，种球自基部萌发，如鸡蛋般大小，革质肥厚，饱满圆润，富有光泽，宿存盆土表面，成熟后开裂，似经过雕琢而成的翡翠元宝。

栗豆树喜温暖湿润、喜肥，怕干旱，要求通风良好、凉爽半阴的环境。生长适温为10～33℃，夏天应将其放于有较好散射光的室内。栗豆树较耐寒，4℃以下会引起落叶，冬季5℃以上便可越冬。

栗豆树的两个“元宝”，即种子的两个豆瓣，不像其他豆科植物在幼苗出土养分消耗后即萎缩消失，而是变为绿色继续进行光合作用，在幼苗期宿存于盆土表面长达一年。随着时间的延长，其子叶在完成一定的使命后，最终还是会发黑瘪掉。要延长两块元宝的观赏时间，宜将幼苗置放于湿凉半阴的条件下。

栗豆树幼株适合作小型盆栽，在室内观赏。要选盆土肥沃、富含腐殖质的沙质壤土，掺以沤过的木屑，小块松树皮，盆底铺碎石，以利于排水。

一般可用播种繁殖，种子不耐贮藏，宜随采随播。当种子萌发后将种皮剥下，因光合作用，而使两块肥厚的子叶变的翠绿。

主要虫害是介壳虫，应及时清除或喷洒氧化乐果乳油防治。

207．红豆杉

红豆杉，又名紫杉，为红豆杉科红豆杉属，原产地中国。红豆杉喜阴、耐旱、抗寒。

盆景管理应注意以下几点：

(1) 盆栽用土可以选择草炭土（草木灰）、珍珠岩等与壤土配成混合基质进行栽培。

(2) 浇水要适量，浇水次数因土壤干湿程度而定。平时可在叶面上喷洒一些水保持叶面湿润即可。红豆杉浇水过多过勤会引起烂根，导致死亡。每年的4月初至10月底为其生长期，每20～25天浇水1次。

(3) 红豆杉喜阴耐旱，因此不宜全光照，夏天要适当遮光，特别是每年7～8月全光照和强光照下，叶片的叶绿素受破坏而导致幼树死亡。冬天在－20℃不需保温，但在冬眠期（当年12月初至翌年2月底）不宜浇水。红豆杉最佳的光照是每天上午7～11点，光照4个小时左右，夏天光照时间短一些，在秋天和春天光照时间可以长一些。

(4) 繁殖常用扦插法，于5～6月剪取当年半木质化枝作插条，母树选择10年以下树龄。长度15～20 cm，剪去下部小枝、针叶剪成马蹄形，放在ABT7号生根粉中浸泡，浸泡时间3～12小时。随后将插条插在基质为河沙的苗床上，插后覆盖塑料薄膜，每日喷水2～3次，半个月后每日喷水1次。一般地温保持20～30℃，不要强光照射，30～40天即可生根。

(5) 病虫害防治，红豆杉在雨季时个别幼树会发生根腐病、茎腐病和烂根，可喷施敌克松防治；在高温和干旱季节个别幼树会发生叶枯病和赤枯病，可喷施1%的波尔多液防治。

208. 虎尾兰

虎尾兰，又名虎皮兰、千岁兰、虎尾掌、蛇皮掌，为龙舌兰科虎尾兰属，原产地非洲西部热带地区。十分耐旱，其株形美丽、较为耐阴，可净化吸收室内的有害气体，是应用十分广泛的室内盆栽植物。

虎尾兰喜微潮偏干的土壤环境，特别是在冬季最好间隔3～4周浇水1次，水量亦不可过大。除在定植时于花盆基部施用少量的马蹄片作为基肥外，生长旺盛阶段应该每隔10天追施1次稀薄液体肥料。环境通风良好有助于植株更好生长。虎尾兰喜阳光充足的环境，但在夏秋高温时节应该将其放到疏阴之处。虎尾兰性喜温暖，其生长适温为18～30℃，越冬温度不宜低于15℃。

虎尾兰需每年春季进行换盆。盆土用沙、壤土、饼肥以4∶55∶1混合而成。换盆后浇一次透水，放阴凉处缓苗数日，再移到见光处。

虎尾兰的繁殖通常用分株法，春夏两季均可进行。栽后不浇水，放在半阴处，2～3天后再浇透水，6～7天后把花盆移到见光处，按常规管理。

病虫害防治：在通风不良或是气温过高的波动情况下，易发生叶斑病，病斑油渍状软腐呈黄褐色，中间灰白色。发病初期可喷5%多菌灵或甲基托布津800倍液防治。

209. 朱蕉

朱蕉，又名千年木、红竹，为龙舌兰科朱蕉属，原产地中国南方和印度等。栽培品种很多，叶形也有较大的变化，是布置室内场所的常用植物。朱蕉也是药用植物，其花、叶、根均可入药，我国广西民间曾用来治咯血、尿血、菌痢等症。

朱蕉喜温暖湿润及半阴环境，不耐寒，冬季温度不能低于10℃。喜排水良好的微酸性土壤。朱蕉虽可终年室内莳养，但往往因过阴、通风不良，会导致叶枯焦脱落。夏季植株宜每天喷水1～2次，保持盆土湿润与空气湿度。每月可追施稀薄豆饼水加过磷酸钙混合肥水2～3次，可使朱蕉叶色更艳红亮丽。夏季可常浇水，但切忌盆内积水。冬季应减少浇水，以偏干保暖为宜。

朱蕉繁殖以扦插为主，6～10月均可进行，将下部叶脱落的老株切成5 cm左右的段子，待切口稍干后，插于沙土或蛭石中，也可横埋在基质中，稍覆土，保持25℃左右的温度和60%的湿度，3周即可生根发出新株。也可用播种法进行繁殖。

若在通风不良环境下，植株易生介壳虫，可使用小刷子人工去除，或喷洒氯氰菊酯乳油防治。

210．富贵竹

富贵竹，又名仙达龙血树、万寿竹、距花万寿竹、开运竹、富贵塔、竹塔、塔竹，为龙舌兰科万寿竹属，原产地印度洋西部的马斯克林群岛和马达加斯加岛。其茎叶纤秀，柔美优雅，极富竹韵，故而被称为富贵竹。其常见的品种有绿叶、绿叶白边（称银边）、绿叶黄边（称金边）、绿叶银心（称银心）。

富贵竹比较适于作为小型盆栽，用来布置居室、书房、客厅等处，也可以放置在案头、茶几和台面上，富贵典雅，玲珑别致，有非常好的观赏性。既可盆栽，也可水养。

富贵竹性喜温暖湿润荫蔽的环境，喜疏松和肥沃的土壤，喜散射光，忌直射的烈日。

盆栽的土壤可选用园土加少量的河沙、焙干并捣碎的蛋壳混合的培养土。日常养护要注意放在室内光线明亮的地方，冬季要多见一些阳光，温度保持在10℃以上。生长期需施4次稀薄的液体肥料，并且经常保持盆土和周围空气的湿润。

常采用扦插繁殖，一般在3月中旬至4月上旬进行，剪取不带叶的茎段作插穗，长5～10 cm，最好有3个节间，插于沙床中或半泥沙土中，25～30天可萌生根、芽。

富贵竹常见病害有炭疽病、叶斑病，可用百菌清、甲基托布津、加瑞农可湿粉、炭疽福美可湿粉喷施防治，上述农药交替使用，每5～7天1次，连续3～4次，防治效果较好。虫害常有红蜘蛛、叶螨、介壳虫，可用氧化乐果乳油、氯氰菊酯喷杀。

211. 龙舌兰

龙舌兰，又名世纪树、番麻，为龙舌兰科龙舌兰属，原产地墨西哥。叶片坚挺美观、四季常青，盆栽适用于客厅，能起到净化空气的作用，用其鳞茎部分作材料能制造酒精饮料。

常见栽培品种龙舌兰，全株灰绿色，被白粉，叶缘有钩刺，叶端有硬刺；金心龙舌兰，叶片中央微黄色；银边龙舌兰，植株低矮，叶片多，较硬，挺直，灰绿色，叶边缘银白色或略带粉红色，叶缘有细小的针刺；狭叶龙舌兰，茎短，叶剑形，灰绿色，顶端为暗褐色，边缘具刺状小锯齿；小花龙舌兰，叶片暗绿色，叶面有白色线条，边缘有白色细丝及稀齿；维多利亚女王龙舌兰，植株低矮，高20～25 cm，茎生叶紧密，莲座丛状，叶长约15 cm，三角形，绿色，叶面有微凸的白色绒纹。

龙舌兰喜温暖、光线充足的环境，生长温度为15～25℃。耐旱性极强，要求疏松透水的土壤。生长期每月施肥1次，要及时去除旁生蘖芽，保持株态美观。夏季增加浇水量，以保持叶片绿柔嫩，对具白边或黄边的龙舌兰，遇烈日时，稍加遮阴。入秋后，龙舌兰生长缓慢，应控制浇水，力求干燥，停止施肥，适当培土。

繁殖常采用分株法。龙舌兰的萌蘖力较强，盆栽在夏、秋生长期间，从肉质根处长出蘖芽，可结合翻盆换土时从母株处切离，带根另栽。若根蘖苗没有根系的可扦插在沙土中发根后再栽。分株后的幼苗，栽于盆内宜先放于半阴处养护7～15天，成活后再移至阳光照射处养护。

龙舌兰常发生叶斑病、炭疽病和灰霉病，可用退菌特可湿性粉剂、多菌灵、甲基托布津喷洒防治；虫害有介壳虫，可用氧化乐果乳油喷杀。

212. 龙血树

龙血树，又名马骡蔗树、狭叶龙血树、长苑龙血树、不才树，为龙舌兰科龙血树属，原产地加那利群岛、热带和亚热带非洲、亚洲与澳洲之间的群岛。株形极为健美，叶片色彩斑斓，鲜艳美丽。龙血树的茎干，能分泌出鲜红色的树脂，谓之“龙血”，龙血树的美名便由此而得。

龙血树喜欢温暖湿润和阳光照射的环境，也能耐阴，当夏季阳光过于强烈的时候，要适当进行遮阴，以免骄阳灼伤叶片。龙血树最适宜的生长温度为20～28℃，如果夏季高温，气温超过32℃，或者冬季气温低于15℃，便处于休眠或半休眠状态。整个冬季，最好把室温控制在10～20℃，不能太低。

在肥水管理方面，根据龙血树喜欢疏松肥沃、通透性好的基质的习性，可采用无土培育，选择美观大方的紫砂，或瓷质高级陶盆，基质可用蛭石、珍珠岩、泥炭土充分混合。这种基质，通透性好、清洁干净、无菌无味，可以数年不翻盆、不换土，植株根系发达，生长健壮。

繁殖常用扦插法，插穗可用多年生茎干，也可采用嫩枝，将插穗插于粗沙或蛭石为基质的花盆内，适温为21～24℃，带叶片顶尖、嫩枝生根快，2～4周，茎干生根较慢，有时需2～3个月才能长出新芽和根。生根后移入盆中。

虫害主要是红蜘蛛，可采取人工捕捉或用化学药剂防治。

213. 百合竹

百合竹，又名曲叶龙血树，为龙舌兰科龙血树属，原产地马达加斯加。叶片碧绿而富有光泽，叶片中间有金黄色的条纹，甚是美丽；其也开花，花为白色、较小，花序比较长，能达半米。

百合竹的适应性较好，能在黏土、沙土中生长。盆栽可用腐叶土与河沙或炉渣灰混合作基质更好。

百合竹性喜温暖湿润的生长环境，在高温环境下也能生长，最适生长温度为20～30℃，越冬温度最好保持在10℃以上。在生长过程中需要一定的空气湿度，否则叶色变得暗淡，光泽度下降。百合竹喜光照，又忌夏季烈日直射，室内养护可将其置于南窗下或阳台处，只在夏日避开直射光照即可，其他季节最好能给予一定的光照，否则叶片中间的金黄色条纹会暗淡、消失，严重降低观赏价值。

生长期追施化肥或有机肥液均可，但要少量多次。另外，可在每年换盆换土时加入一定腐熟的有机肥料作底肥，可保障其生长良好。

百合竹比较耐修剪，最好在修剪前后适当增加肥水，可保生长出的新枝叶更好。

最适宜的繁殖方法是枝条扦插法，结合修剪，于每年的4～9月均可进行，枝条长度为10 cm左右，只保留上部少数叶片，扦插于干净的河沙或蛭石中，淋透水后置于半阴处，2周即可生根，3～4周即可移植。

百合竹的病虫害较少，有时受到红蜘蛛的危害，一般可用大水冲洗多次，或直接喷施三氯杀螨醇、尼索朗、克螨特等防治。

214. 香龙血树

香龙血树，又名巴西木、龙血树、中斑龙血树、巴西铁等，为龙舌兰科龙血树属， 原产地非洲西部。株形整齐，茎干挺拔。叶簇生于茎顶，弯曲成弓形，有亮黄色或乳白色的条纹，叶缘鲜绿色，且具波浪状起伏，有光泽。

香龙血树喜高温多湿气候。对光线适应性很强，稍遮阴或阳光下都能生长，但春、秋及冬季宜多受阳光，夏季则宜遮阴或放到室内通风良好处培养。株形整齐，直立，叶面宽大且有金黄色条纹。

养护香龙血树需注意以下要点：

⑴ 温度和光照。香龙血树生长适温为20～28℃，休眠温度为13℃，越冬温度为5℃。温度太低，叶尖和叶缘会出现黄褐斑，严重的还会被冻坏嫩枝或全株。香龙血树对光照适应范围较宽，但不耐强光，尤其在5～10月的强光照会导致叶片泛黄或叶尖枯焦，应注意遮阳，给较明亮的散射光即可。它虽耐阴，但过于荫蔽也会使叶色暗淡，尤其是斑叶品种，叶面上斑纹容易消失，降低观赏价值。

⑵ 水分和湿度。上盆后，淋足定根水，放置光线较明亮的室内或荫

棚内养护。盆土应保持湿润，要经常向叶面喷水，以提高周围环境空气湿度，但不宜盆土积水，以免通风透气不良引起烂根。

(3) 土壤和肥料。香龙血树适宜于疏松、排水良好、含腐殖质丰富的肥沃河沙壤土。市场上的盆栽香龙血树多为精沙土，是生产者为让植物充分发根采用的，长期使用会不利于植物生长。要使植物茁壮成长，必须分期换入泥炭土。另外，香龙血树每年应换盆一次。换盆时，应将旧土换掉1/3，再换入新泥沙土，修整叶茎及茎干下部老化枯焦的叶片。施肥宜施稀薄肥，切忌浓肥，施肥期在每年的5～10月。

香龙血树常用扦插繁殖。5～6月选用成熟健壮的茎干，截成5～10 cm一段，平放在沙床上，保持25～30℃室温和80%的空气湿度，30～40天可生根，50天可直接盆栽。也可将长出3～4片叶的茎干新芽剪下作插穗，插入沙床，保持高温多湿，插后30天可生根。还可用水插和高压法繁殖，但必须在25℃以上条件下进行。

病虫害防治：香龙血树应经常保持叶面清洁，一旦发生虫害及时清除虫体。蔗扁蛾对香龙血树危害较大，可将受害香龙血树搬到室外阴凉处，用氧化乐果乳油或敌百虫喷洒，每周1次，连续3次即可。

215. 酒瓶兰

酒瓶兰，又名象腿树，为龙舌兰科酒瓶兰属，原产地墨西哥的干热地区。茎干苍劲，基部膨大如酒瓶，形成其独特的观赏性状；其叶片顶生而下垂似伞形，婆娑而优雅，用于家居布置，极具风情。

要养好酒瓶兰，应掌握以下要点：①日照必须充足，虽然耐寒性较其他观叶类植株优秀，但冬季必须移到室内，温度保持在10℃以上。②浇水以少量为宜，但不能断水。由于植株生长的速度很快，所以在夏季和气候干燥的地方，每天需要浇1次以上的水，浇水时特别注意不可过度潮湿，避免根部腐烂。③宜种植在以沙质壤土为主，加入20%～30%的腐叶土中。④生长期间要加强肥水管理，特别要增加磷钾肥。以促使根茎部的膨大与充实。

酒瓶兰生长缓慢，不易结实，必须每隔2～3年移植1次。酒瓶兰用播种与扦插繁殖。播种宜在室内盆播。北方盆栽不易开花结子，只能用基部萌发的蘖芽于春季扦插，幼芽掰下须晾1～2天后，插于河沙或素土中，上覆薄膜保湿保温，在20～25℃条件下极易生根。

酒瓶兰常见病害有根腐病，可用抗菌剂401醋酸溶液浇灌防治；虫害有粉虱，可用氧化乐果乳油喷杀。

216. 散尾葵

散尾葵，又名黄椰子、凤尾竹，棕榈科散尾葵属，原产地非洲马达加斯加。枝条开张，枝叶细长而略下垂，株形婆娑优美，它较耐阴，适合于家居布置。

散尾葵喜温暖多湿和半阴环境，怕寒冷，怕强光暴晒，对土壤要求不严格，但以疏松并含腐殖质丰富的土壤为宜。散尾葵的养护方法主要有：

(1) 盆栽可用腐叶土、泥炭土加1/3的河沙或珍珠岩及基肥配制成培养土。每2～3年春季换盆1次，施上基肥，剪除过于密集的株丛，以利于新株丛的萌发，保持优美的盆栽姿态。

(2) 春、夏、秋三季应适当遮光。生长适温为20～25℃，冬季夜间温度应在15℃以上，白天25℃左右较好。若长时间低于5℃，必然受冻害，甚至死亡。在生长季节，需经常保持盆土湿润和植株周围较高的空气湿度。冬季应保持叶面清洁，可经常向叶面少量喷水或擦洗叶面。生长季节每月施肥1～2次。

(3) 繁殖常用分株法，于4月左右，结合换盆进行，选基部分蘖多的植株，去掉部分旧盆土，以利刀从基部连接处将其分割成数丛在伤口处需涂上草木灰或硫磺粉进行消毒。每丛不宜太小，须有2～3株，并保留好根系，初定植的植株应避免在强光下长时间照射，适量浇水，每日数次向叶面喷水，保持叶部湿润。

(4) 注意防治叶斑病，可喷洒可菌丹可湿性粉剂防治。此外，可能有介壳虫危害，可用氧化乐果乳油喷杀。

217. 夏威夷椰子

夏威夷椰子，又名竹茎玲珑椰子、竹榈、竹节椰子、雪佛里椰子，为棕榈科茶马椰子属，原产地墨西哥、危地马拉等地，主要分布于中南美洲热带地区。

夏威夷椰子喜高温高湿，耐阴，怕阳光直射。

盆栽夏威夷椰子宜用疏松、通气透水良好、富含腐殖质的基质，一般可用腐叶土、园土、河沙等量混合并加少量腐熟有机肥混合配制，作为培养基质。在3～10月的生长季节，每1～2周要施1次液肥或颗粒状复合肥，以促进叶生长及叶色浓绿。

夏威夷椰子生长期要求保持盆土湿润，空气干燥时要进行叶面喷水，以提高环境的空气湿度，这样有利于植株生长并保持叶面浓绿，富有光泽；秋末及冬季适当减少浇水量，保持盆土湿润不干即可，以增强植株抗寒越冬能力。

夏威夷椰子生长要求较明亮的散射光，要避免强光直射，否则叶色变淡或发黄；耐阴性强，可较长时间在室内光线较暗的环境中生长。一般在室内阴暗环境摆放1～2个月对植株观赏不会有太大影响。

夏威夷椰子可用播种和分株繁殖。播种种子要随采随播，在温度25℃时3～4个月萌发。植株在生长过程中，地下根茎可横向伸长，并可萌蘖新芽新枝，所以春季可将生长茂密的植株分切繁殖，以含3～5根的一丛为一新株种植。分切时要注意少伤根部，并使每一丛保留一定根系，否则恢复慢，甚至影响成活。

在高温高湿条件下，夏威夷椰子可能发生褐斑病和霜霉病，可用杀菌剂多菌灵或甲基托布津喷杀防治。

218．鱼尾葵

鱼尾葵，又名孔雀椰子，假桄榔，为棕榈科鱼尾葵属，原产地亚洲热带、亚热带及大洋洲。茎干直立不分枝，叶大型，二回羽状全裂，叶片厚，革质，大而粗壮，上部有不规则齿状缺刻，先端下垂，酷似鱼尾。

鱼尾葵喜温暖多湿环境，喜充足光照，但也耐半阴，忌烈日暴晒，不耐寒，怕水涝，适宜土层深厚、疏松、肥沃土壤。

盆栽时，要先在盆底加少量腐熟饼肥作基肥，然后再加事先拌均匀的基质土，将鱼尾葵栽入大型花盆内，浇足水即可。

养护时，对于刚上盆的，浇水量应适当控制，每天向叶面喷些清水，并适当遮阴，待萌发新叶后再逐渐多见阳光及增加浇水量。生长旺季应多浇水，盆土要保持湿润，枝叶上需经常喷水，周围地面也要勤洒水，以增加空气湿度，促使枝叶繁茂有光泽。春、秋两季每月需施肥1次，一般放置在有明亮散射光处，冬季置于光照充足处，夏季应避免直射强光。

鱼尾葵可用播种和分株繁殖。一般于春季将种子播于透水通气的沙质壤土为基质的浅盆上，覆盖5 cm左右基质，置于半荫蔽环境下，温度在21～25℃，保持土壤湿润和较高的空气湿度。一般2～3个月可以出苗，第二年春季可分盆种植。多年生的植株分蘖较多，当植株生长茂密时 可分切种植，但分切的植株往往生长较慢，并且不宜产生多数的蘖芽，所以一般少用此法繁殖。

鱼尾葵在高温高湿及通风不良条件下极易感染霜霉病，使叶片变成黑褐色而影响观赏价值，所以须在发病前喷洒甲基托布津等杀菌剂预防；另外，在高温干燥气候下也易发生介壳虫，应喷氧化乐果等防治。

219．棕竹

棕竹，又名观音棕竹、棕榈竹、筋头竹，为棕榈科棕竹属，原产地中国南方。茎纤细如手指，有叶节，不分枝，叶掌状深裂，青绿如竹，又颇具热带的韵味。

常见品种有矮棕竹，茎干细瘦，丛生稠密，叶掌状深裂至叶基，裂片7～20枚，披针形，深绿色，叶柄长8～11 cm，有棱，叶形及株形与棕竹相似；斑叶棕竹，株高50 cm左右，茎干较粗，叶片轻硬，叶面有金黄色纵向条纹；细叶棕竹，株高约1 m，茎干粗1 cm左右，茎干外被黑褐色网状纤维质叶鞘，叶掌状深裂。

盆栽棕竹生长快、分蘖迅速、枝叶繁茂，但须掌握以下养护技巧：

⑴ 施肥要勤施薄施，即少量多次，并做到氮磷钾三结合，以有机肥占主导，微量肥作补充。每10～15天根部要施1次肥。另外，每7～10天叶面喷施1次0.1%硫酸镁、0.1%硫酸亚铁、0.1%硫酸锌、0.3%尿素、0.5%磷酸二氢钾混合液，均匀喷湿所有叶片，以开始有水珠往下滴为宜。

⑵ 每天早晚要淋1次清水，从生长点处往下淋，让清水自顶部向下流入，以保持盆土湿润度均匀。如此每20～25天即可抽出一片新叶，且根部分蘖快，蘖苗粗壮，叶色浓绿。

⑶ 要每年换土1次，在根系生长高峰出现前，即每次新叶即将展开时最适宜换土。换土时，将其底部和上部泥土各削去

1/5，然后填上新的营养土，淋透清水，使土壤与根系充分接触。

⑷ 不宜摆放在阳光直射的地方，特别是高温的夏季，应置于遮阴环境。

⑸ 盆养繁殖采用分株的方法比较简便。可结合换盆进行，一般是将栽培多年的大丛棕竹分切成2～4丛或再多的丛株，每丛最好要有2～3根，每丛最好还带有1～2个小芽。上盆定植后应置于蔽荫、温暖稍微潮湿的地方，并每日向叶面及周围喷水2～3次，待其恢复生长后，再转入正常管理。

斑叶棕竹

⑹ 棕竹易受红蜘蛛、锈壁虱、叶斑病、介壳虫等病虫危害，可于傍晚淋足水后，喷洒氧化乐果乳油、甲基托布津混合液防治，一般连喷2～3次，每7～10天喷洒1次，均匀喷湿所有干叶。

220. 一品红

一品红，又名象牙红，老来娇，圣诞花等，为大戟科大戟属，原产地墨西哥塔斯科地区。变色型观叶植物，其花朵很小并不容易被人注意，引起人们关注的是位于植株顶端的叶片，其叶片入冬后就会变为耀眼的红色，艳丽非凡。观赏期从12月可持续至翌年2月，正值圣诞、元旦、春节期间，非常适合节日的喜庆气氛。另外，一品红的汁液有毒，摘心、扦插时切勿接触，以避免引起皮肤的不适。

一品红常见品种有一品白，苞片乳白色。一品粉，苞片粉红色。一品黄，苞片淡黄色。深红一品红，苞片深红色。三倍体一品红，苞片栎叶状，鲜红色。重瓣一品红，叶灰绿色，苞片红色、重瓣。亨里埃塔·埃克，苞片鲜红色，重瓣，外层苞片平展，内层苞片直立，十分美观。球状一品红，苞片血红色，重瓣，苞片上下卷曲成球形，生长慢。斑叶一品红，叶淡灰绿色、具白色斑纹，苞片鲜红色。保罗·埃克小姐，叶宽、栎叶状，苞片血红色。喜庆红，矮生，苞片大，鲜红色。皮托红，苞片宽阔，深红色。胜利红，叶片栎叶状，苞片红色。橙红利洛，苞片大，橙红色。珍珠，苞片黄白色。皮切艾乔，矮生种，叶深绿色，苞片深红色，不需激素处理。

盆栽一品红的养护管理要点如下：

⑴ 一品红是喜光花卉，生长旺季要求光照更强，因此，在家中不应放置于较暗的客厅中，应放置于光照较强的阳台上，时间每天不少于4小时，否则容易引起落叶。

⑵ 适宜生长的温度在15～30℃，温度较低，花的叶片易卷曲脱落，但在保证温度适宜的同时还要注意定时通风换气。

(3) 一品红喜通气性良好的微酸性土壤，一般市场上销售的盆花回家后不用换盆，等生长一年后再换盆，换盆时使用市场上销售的花土即可。浇水要见湿见干，盆土过湿影响土壤通气性，易造成烂根，导致叶片发黄脱落，盆土过干可引起叶缘干枯、叶片萎蔫脱落。北方地区水质一般呈碱性，因此，浇花用的水一定要经过处理，一般家庭可用加1%的食用白醋或1%的硫酸亚铁调节后的水浇花。

一品黄

一品粉

(4) 一品红喜肥，缺肥会导致花生长缓慢，叶片发黄脱落，可每星期浇稀薄肥水一次，但在开花期，为使花开的时间尽量长一些，要适当控制肥水。

(5) 花开败后，应将花头去掉，一般一枝上留2个芽，待芽长出后再根据株形选留4～6个饱满壮芽，将其余弱芽抹掉，使株形圆满、美观。

(6) 一品红一般元旦前后开花，若要在下半年提早开花，可于预计开花前2个月进行遮光处理，方法是每晚5点至第二日早8点全遮光，白天正常光照，经过2个月的时间，再进行正常管理，即可使一品红提前开花。

(7) 一品红繁殖以扦插为主。用老枝、嫩枝均可扦插，但枝条过嫩则难以成活。一般多在2～3月选择健壮的一年生枝条，剪取长8～12 cm作插穗。为了避免乳汁流出，剪后立即浸入水中或沾草木灰，待插穗稍晾干后即可插入排水良好的土壤中或粗沙中，土面留2～3个芽，保持湿润并稍遮阴。在18～25℃温度下2～3周可生根。

(8) 雨季一品红最易感染褐斑病，在雨季可每隔10～15天喷等量式波尔多液或百菌清液，连续2～3次，即可预防该病的发生。

221．变叶木

变叶木，又名洒金榕，为大戟科变叶木属，原产地东南亚和太平洋群岛的热带地区。变叶木叶形和颜色因其品种不同而异，叶形有的如柳叶；有的似短箭；有的像戟状；有的大叶尖端又生出小叶；有的扭曲皱状；有的叶还呈螺旋状。叶的颜色有深绿、浅绿、深黄、深红、浅红，还有赤紫色、青铜色和褐色、橙色等，真可谓名符其实的变叶木。

变叶木会分泌有毒乳液，但只要注意，不入口，在室内摆放不会对人体、环境产生影响。

盆栽变叶木，每年早春4月应进行换盆，培养土宜选用含丰富腐殖质，疏松、肥沃的沙质壤土，栽培基质最好为粗泥炭、腐叶土、沙以3∶3∶2混合而成。变叶木置室内以东或西向窗户较理想，生长温度以18～28℃为宜，冬季温度不得低于10℃，否则将会引起落叶而枯死。植株喜较高的空气湿度，应经常清洁叶片和对叶丛进行喷雾。冬季气温低、蒸发量少，浇水宜少，在盆土见干时再浇水。变叶木下部的叶子常易脱落。应及时给予适当修剪和追肥，以保证有充足的养分，即可防止落叶。

变叶木的繁殖，一般采用扦插法，宜在早春4月进行，嫩梢和2～3年生的枝条均可作插条。也可用压条法繁殖，以夏季为好，在母株旁置一盛好培养土的花盆，从母株上选一较长的生长健壮的枝条压弯，在弯曲处用刀割伤表皮，然后埋入新盆土中，并固定好，保持盆土湿润，待生根后，在秋季将与母株相连的枝剪断，进行栽植。

变叶木的病虫害为蚜虫、红蜘蛛、介壳虫和霉类病，可选用氧化乐果乳油、一遍净、氯氰菊酯、百菌清、灰霉灭等药物进行防治。

222. 光棍树

光棍树，又名绿玉树、光枝树，为大戟科大戟属，原产地非洲。喜欢气候温暖，环境干燥。整株树无花无叶，仅剩光秃秃的枝丫，犹如一根根棍棒插在树上。故人们戏称为光棍树，也有人叫它神仙棒。光棍树的茎中含有乳白色的汁液，故又有人叫它牛奶树，但这白色乳汁却是有剧毒的，观赏或栽培时需特别小心，千万不能让乳汁进入人的口、耳、眼、鼻或伤口中。

光棍树属多肉类植物，体内贮存了较多的水分，因此种植光棍树时千万要记住选用排水性非常好的沙质壤土，可用园土加河沙等比例配制。不能过多地浇水，盆土需保持适度的干燥。在生长期需施肥时，则应停止浇水，以薄肥代替浇水。如果植株已出现烂根时，则应马上停止浇水，将植株周围的土壤翻松，让水分尽快蒸发，待土壤完全干后，少量浇水，便会长出新根。

繁殖常用扦插法，取茎段2节作插穗，在5～6月的温暖季节扦插，用粗沙或珍珠岩作基质，或用排水好的沙壤土。

光棍树的白色乳汁有剧毒，这种有毒的乳汁能抵抗病毒和害虫的侵袭，从而起到保护树体的作用，因此，病虫害较少发生。

223. 霸王鞭

霸王鞭，又名火殃筋、龙骨等，为大戟科大戟属，原产地印度东部。叶片多浆，革质，倒卵形，基部渐狭，浅绿色。茎叶含白色乳汁、有毒，如不折断白色乳汁不会渗出，如折断白色乳汁粘在皮肤上清洗掉即可。

霸王鞭喜温暖干燥和阳光充足环境。不耐寒，耐高温。适宜排水良好、疏松的沙壤土。冬季温度不低于10℃。

盆栽生长期浇水不宜多，切忌水湿。一般施肥1～2次。盛夏应适当遮阴。冬季温度低于10℃，叶片发黄脱落，进入休眠期。这时严格控制浇水，否则气温低，湿度大，会引起植株根部腐烂。要求阳光充足，冬季宜置于向阳房间，温度维持10～12℃以上，节制浇水，保持盆土稍干燥。开春后随温度升高，可逐渐增加浇水。天暖后可放到阳台或院子里，但仍应节制浇水。

繁殖常用扦插法。在5～6月剪取充实的顶端茎段，剪成12～15 cm长，插穗剪口有白色乳汁流出，用纸将浆汁吸干，并晾干后插入沙床。否则凝固的乳汁会影响插条生根。插后30～40天生根。

常见病害有茎腐病，可用多菌灵、甲基托布津等喷洒防治；虫害有介壳虫危害，用氧化乐果乳油喷杀。

224．麒麟掌

麒麟掌，又名麒麟角、玉麒麟，为大戟科大戟属，原产热带地区。为霸王鞭的变种，其形状奇特，四季常青，是较好的室内观赏花卉。麒麟掌茎中的白色乳汁有毒，尤其不能入眼，因而家庭栽培中要注意防止小孩将茎汁误入口眼。

麒麟掌喜光，生长季节要保证充足的光照，需移至阳光充足处摆放。比较耐旱，平时浇水以宁干勿湿为原则。当盆土干硬发白、叩击盆壁听到清脆的响声浇透水。冬季浇水比平时还要减少，在室温15～18℃的室内，每10天左右浇1次透水即可。浇水过多不但容易发生返祖现象，还会导致根系窒息而死。麒麟掌不太喜肥，生长季节每月施1次液态复合肥即可。麒麟掌不耐寒，冬季室温如能保持15℃以上可保证叶片不落。

繁殖常用用扦插法，于5～6月，选取生长健壮的变态茎，用利刀切割下来，晾干伤口的黏液，两三天后，蘸上草木灰再插入湿润的河沙质土壤中，深度为3～4 cm，用手压实，不浇水。经过2～3天再进行喷水。喷水只要保持沙壤土微潮湿状态即可，约经1个月即可生根。

麒麟掌病虫害较少，但长期在温室或放置地点通风不好，易遭介壳虫危害。冬春季可每10天用清水喷洗一次叶片灰尘。另外，它对煤气非常敏感，熏染后易造成落叶。

225. 南天竹

南天竹，又名天竺、南天竺、竺竹、南烛、南竹叶、红杷子、蓝天竹、木兰等，为小檗科南天竹属，原产地中国长江流域。丛生枝杆挺拔潇洒，花小白色，果实浅红色，能一直持续到春季。冬季叶色稍红，是冬季观叶、观果的佳品。

南天竹的养护管理比较粗放，但需掌握以下栽培要点：①盆土宜用园土、沙质土、腐叶土等混合配制而成。②生长期盆土要保持一定的湿度，不可太干。开花期适当控制浇水，冬季严格控制浇水。③在盛夏季要适当遮阴，放置在透光的半阴处，花期严禁暴晒，早晚给予光照即可。④生长期每月需施1次稀薄的有机肥，隔月施1次无机肥，9月中旬后应停止施肥。⑤来年要结合翻盆进行修剪。修剪时主要剪去过短过高枝、枯枝，并把高低不齐的枝条剪修整齐。每年第一批花后应立即修剪残梗，以促使开花。

南天竹的繁殖可分别采用扦插、分株和播种的方法进行。分株繁殖比较简易，在3～4月春暖花开萌发前，将植株的丛生根基部分割成几个块根（根基上要带芽），或在萌发后分割块根，然后进行种植，保持土壤的湿润，不久就会萌芽长枝。

南天竹常见病害有红斑病，可喷洒甲基托布津可湿性粉剂或代森锰锌进行防治，每隔10～15天1次，连喷2～3次。炭疽病，可喷洒甲基托布津可湿性粉剂防治，每10～15天1次，连喷3次。虫害有尺蠖，可用氯氰菊酯或敌百虫喷杀。

226. 苏铁

苏铁，又名铁树、凤尾蕉、凤尾松、铁甲松等，为苏铁科苏铁属，原产地中国南方。茎干粗壮直立，棕黑色，分枝极少，树干坚硬如铁，喜欢铁质肥料，故称铁树。

苏铁是当今世界现存的种子植物中最古老的树种之一，被称为“活化石”。它生长非常缓慢，寿命可达300年以上。民间传说铁树60年开花1次，实际上并非如此，在温暖湿润的南方。生长20年以上的苏铁，只要养护得好，是可以年年开花或1～2年开花1次。在北方地区却难以看到铁树开花。

盆栽土或种植土都应选用微酸性的沙质壤土，以利于排水，上盆或换盆时，可加入少量腐熟的有机肥作基肥。

苏铁性喜阳光，一年四季都应将其放在光照较强的地方养护，盛夏光照太强，应适当遮阴。冬季最好放在5～7℃室内，低于0℃会受冻害。

要适当浇水施肥，春、秋、冬三季要控制水分，新上盆的苏铁第1次要浇透水，见干再浇透水，忌浇水过多，造成烂根。萌发新叶时，水量适当充足些，并在早晚喷洒水，以保持叶片清新。夏天要浇足水，每天浇1～

2次，生长季节每月需追施1次复合肥或含铁的液肥，秋后应停止施肥。

为了提高苏铁的观赏价值，可将独头苏铁培育成多头苏铁。具体操作方法：先将苏铁放在高锰酸钾消毒水中浸泡15分钟，取出自然阴干，用小刀将顶芽连部分老茎削成略斜的面，用羊毛脂将伤口封住，再削去根部老皮，促使生根。种植深度为茎长的1/4 ，第1次浇足水，以后略偏干。待新叶长出后，根据需要留2～3片叶，其余均摘除，这样苏铁的顶部就会长出几株小苏铁。

繁殖常用分蘖繁殖，一般在早春1～2月进行，苏铁常在茎基部和干部萌生蘖芽，用锋利的小刀将蘖芽从与母株连接的根基处切割下来，切割时要尽量少伤茎皮，对已生根的，可直接栽入富含腐殖质、排水良好、透气性强的培养土中管理；对未生根的，应放在阴凉通风处晾2～3天，待其切口稍干后再进行催根处理，栽于沙中，深度为蘖芽高度的1/2，为防止伤口腐烂，在栽植前应在伤口上涂草木灰、木炭粉或硫磺粉。栽好后，浇水1次，然后放在室内见光处养护。2个月左右萌发新根，3～4个月抽生1～2片新叶。

苏铁常见病害有叶斑病，可用甲基托布津或多菌灵杀菌剂喷洒防治，7～10天1次，连续2～3次；煤烟病，可定期喷洒一些广谱杀菌剂，如多菌灵、甲基托布津、退菌特、石硫合剂等，以杀死附着于叶片表面上的病菌。虫害有麻皮蝽，可喷洒氧化乐果乳油，每7～10天喷1次，连续喷2～3次；小灰蝶，可用灭杀毙乳油、菊杀乳油喷杀。

227. 墨西哥铁树

墨西哥铁树，又名南美铁树、美叶凤尾蕉等，为泽米铁科泽米铁属，原产地墨西哥。

墨西哥铁树喜暖、喜阳、耐旱、怕冷。喜欢生长在湿润通风的环境和疏松、肥沃又偏酸性的沙质土，忌积水。

盆栽墨西哥铁树要做到以下几点：一是入冬时，室温不低于5℃。二是夏、秋季为生长期，既可放置半阴处，亦可摆在窗口有光照的通风处，忌35℃以上的烈日暴晒，亦不宜久放无光的蔽荫处，这样都会造成枝叶枯黄或徒长，影响观赏价值。三是在夏秋高温时，要浇水防干，盆土保持一定湿润，并每月追肥1～2次，在早春或秋冬时，盆土应偏干忌过湿，以防烂根。

墨西哥铁树的繁殖主要采取切割吸芽法。可于春季4～5月进行，行施切割时要尽量少伤及茎干，切口用干净的草木灰或硫磺粉涂抹，待切口渗出的汁液吸干后，将其栽在装有含较多粗沙的腐殖土盆内，浇水后放置半阴处催根，温度保持在27～30℃，切口处很快就会愈合，抽生出新根。

墨西哥铁树病虫害较少。主要有介壳虫，可人工洗刷杀虫。有时出现叶部发黄，可用1%硫酸亚铁稀释液喷洒。

228. 马拉巴栗

马拉巴栗，又名发财树、中美木棉，为木棉科瓜栗属，原产地墨西哥。树干直立，枝条轮生，掌状复叶，树姿优雅，盆栽用于美化家居有发财之寓意，给人们美好的祝愿。

马拉巴栗喜高温和半阴环境，茎能贮存水分和养分，喜肥沃、排水良好的沙质壤土。生长适宜温度20～30℃，温度低于10℃也能生长，但低于5℃容易受害。

马拉巴栗摆放时应置于室内阳光充足处，使叶面朝向阳光，否则由于叶片趋光性会使整个枝条扭曲。马拉巴栗对水分的忍耐度较高，每星期浇水1～2次，水不易过多，以防树干腐烂。夏季高温时，可用喷雾法来提高空气湿度，并在叶片上喷水，保持湿润。马拉巴栗对肥料的需求量较大，每年换盆的时候，以腐熟有机肥料或缓效型肥料为基本肥料混合于栽培基质中，另外在生长期5～9月，每隔15天施用1次复合肥，以促进根深叶茂。

繁殖常用扦插法，可于春季利用植株截顶时剪下枝条，扦插在沙石或粗沙中，保持一定湿度，30天左右可生根。

常见病害有茎腐病，发病初期可喷洒多菌灵、甲基托布津，每隔10天喷1次，连续防治2～3次；炭疽病，可用百菌清可湿粉、多菌灵喷洒防治。虫害有菜青虫、尺蠖、红蜘蛛等，可用氧化乐果、虫螨克、氯氰菊酯乳油等喷杀。

229. 菜豆树

菜豆树，又名幸福树、辣椒树、接骨凉伞、山菜豆树等，为紫葳科菜豆树属，原产地中国南方。其叶色青翠光洁、被金属光泽，既喜光又极为耐阴，所以幼树盆栽是极佳的家居布置植物。

盆栽菜豆树通常用园土、腐叶土、腐熟有机肥、河沙以5∶3∶1∶1混合配制。生长季节每月进行一次松土，确保其根部始终处于通透良好的状态。

菜豆树喜暖热环境，生长适温为20～30℃，全日照，半阴环境均可。如果长时间将其搁放于光线暗淡的室内，易造成落叶。为了使其不长得过于高大，在春季抽生新梢时，可适当控制浇水，维持盆土比较湿润即可。高温季节每天还要给植株喷水2～3次。冬季如果室内温度低于10℃，植株进入休眠状态，不可浇水太多，以免出现积水烂根，可每隔2～3天于晴好天气的中午前后，用稍温的清水喷洒植株一次。生长季节可定期埋施少量多元缓释复合肥颗粒。气温高于32℃、低于12℃后，均应停止追肥。

繁殖主要采用扦插法，宜于3～4月间进行，剪取1～2年生木质化枝，长15～20 cm，剪去全部叶片，下切口最好位于节下0.5 cm处，将其扦插于沙壤苗床上，插穗入土深度约为穗长的1/3～1/2。在其下切口愈合生根期间，应喷水维持湿润。待其长出完好的根系后，方可将其带土团移栽上盆，最好2～3株合栽。

危害菜豆树的主要有叶斑病，可喷洒多菌灵可湿性粉剂防治，每半个月1次，连续3～4次即可；还有介壳虫，可用湿布抹去或用透明胶带将其粘去，也可用氧化乐果乳油喷杀。

230．兰屿肉桂

兰屿肉桂，又名平安树，为樟科樟属，原产地中国台湾。其皮可入药，有祛风散寒之功效，植物能散发出矫正异味、净化空气的香味。

兰屿肉桂喜温暖湿润、阳光充足的环境，喜光又耐阴，喜暖热、不耐干旱、积水、不耐严寒，生长适温为20～30℃，冬季室温不低于5℃。

盆栽兰屿肉桂，宜采用疏松透气、排水通畅、富含有机质的肥沃酸性培养土或腐叶土。进入夏季后，应适当遮阴，经常保持盆土湿润并给叶面和周围环境喷水。入秋后应控制浇水，冬季则应多喷水，少浇水。自仲春至初秋，可每月追施一次稀薄的饼肥水或肥矾水等。入秋后，应连续追施2次磷钾肥（如0.1%的磷酸二氢钾溶液），以增加植株的抗寒性，使其能平安过冬。冬季应停止一切形式的追肥。

繁殖常用扦插法，于春季选择发育充实的一年生嫩枝截成长15～18 cm，插穗下端切口成斜形，嫩枝插条顶端留3～4片叶，插入沙内，30天左右可生根。

常见病害有炭疽病、褐斑病，可用多菌灵可湿性粉剂、甲基托布津可湿性粉剂交替喷洒防治，每15天1次，连续2～3次；虫害有卷叶虫、蚜虫，可用吡虫啉可湿性粉剂、氯氰菊酯喷杀。

231. 南洋杉

南洋杉，又名肯氏南洋杉、鳞叶南洋杉，为南洋杉科南洋杉属，原产地大洋洲的诺福克岛及澳大利亚东北部诸岛。树冠塔形，树枝轮生下垂，潇洒简洁，犹如少女亭亭玉立，楚楚动人。

盆栽时，应根据苗的大小选择相适宜的花盆。它虽喜光，但怕烈日。每年5～10月要注意遮阴或放置在建筑物的北面，以给予明亮的散射光为好。高温干燥时要对环境及植株喷水，以降温增湿，浇水要及时，不要待土壤干透再浇，肥料最好以有机肥和无机肥交替使用，生长季每月施肥2～3次。

放置在室内观赏，要定期移至环境适宜处轮流养护。因为室内空气比较干燥，通风和光照都比较差，这样时间一长，就会使叶子泛黄、软垂缺乏生机。轮换间隔时间的长短，应根据环境情况来决定，一般每日轮换一次为宜。

南洋杉的繁殖可用播种或扦插法。用播种法培育出的苗挺拔强壮，生机旺盛，适合于作批量繁殖。用扦插法繁殖多在6月进行，约2个月可以生根。但扦插的插穗若不是取自直立的新梢，枝干会倾斜生长，不如播种苗那样挺拔强劲。

要注意修剪，在冬季植株进入休眠或半休眠期，要把瘦弱、病虫、枯死、过密等枝条剪掉。也可结合扦插对枝条进行整理。

对于病害的侵染，一般要用多菌灵、百菌清等喷施预防。

232．罗汉松

罗汉松，又名罗汉杉、土杉，为罗汉松科罗汉松属，原产中国长江流域以南。树形优美，绿色的种子下有比其大10倍的种托，种托的色彩会由绿变黄，由黄变红，最后变为紫褐色，仿佛一尊披着各色袈裟的罗汉，由此得名。

养护罗汉松应掌握以下几点：

⑴ 宜用腐叶土或泥炭土加2/5河沙，并掺入少量骨粉混合配制培养土。

⑵ 罗汉松较耐干旱，在生长季节盆土以略干为好，如浇水过多，盆土长期积水就会造成烂根、黄叶，严重时叶片大量脱落，植株便会死亡。夏季水分蒸发快，浇水要充足，如盆土过干，也会造成叶片枯黄。

⑶ 当室外气温稳定在10℃左右时，应移出室外，放在南阳台或庭院背风向阳处养护，入夏后移至半阴处，雨后及时倒出盆内积水，以防受涝。

⑷ 罗汉松不喜过浓肥料，只需在春、秋两季各施2～3次以氮肥为主的稀薄液肥，施肥后第2天需浇1次水，这样有利于根系吸收。

繁殖常用播种法与扦插法，种子随采随播。扦插法以春、秋两季为主，5～6月较好。选当年生略带木质化的枝条做插条，剪成10 cm左右，将顶端以下的针叶除掉，浸泡于泥浆拌匀的生根粉内，10分钟后取出插于盆内，浇透水。以后要保持湿润，经常向叶片喷雾，太阳光强时，要适当遮阴，一般60～70天即可愈合主根成活，当年枝条长到7～10 cm时，翌年就可上盆。

罗汉松少病害，常见虫害有天牛幼虫、介壳虫、蚜虫、红蜘蛛等，可用氯氰菊酯、氧化乐果乳油喷杀。

233. 橡皮树

橡皮树，又名印度榕、印度胶树，为桑科榕属，原产地印度及马来西亚。其叶大美观，有光泽，是著名的盆栽观叶植物。

橡皮树喜温暖湿润、阳光充足的环境，也稍能耐阴，不耐寒。盆栽时，宜用腐叶土、草灰土加1/4左右的河沙及少量基肥配成培养土。平时保持土壤湿润，每隔15～20天施1次稀薄液肥。夏季高温时节，橡皮树生长较快，应大肥大水，但要避免盆内积水。入秋后逐渐减少施肥和浇水，促进植株生长充实，利于越冬。

盆栽橡皮树成苗后，一般宜在每年春季新芽生长之前翻盆换土1次。翻盆时，适当剪去卷曲的根系，添加新的培养土和基肥。对生长过大的植株还可在9月份再换大一号的花盆。为使盆栽橡皮树株形丰满，在幼苗长至60～80 cm高时要进行摘心，以促侧芽萌发。侧枝长出后，选择3～5个，以后每年对侧枝剪短1次，3年即可获1.5～2 m高的圆浑丰满的树体。

橡皮树因不耐寒，冬季须移入室内向阳处养护，保持室温10℃以上，最低气温不要低于5℃；若温度过低，盆土潮湿，会造成叶片变黑脱落和根部腐烂，甚至整株死亡。来年4月底至5月初搬至庭院内或阳台上养护。

橡皮树常用扦插和高压繁殖。扦插繁殖比较简单，极易成活且生长快。一般于春末夏初结合修剪进行。家庭中使用高压也比较方便，成功率也高。高压时选择二年生枝条，先在枝条上环剥1～1.5 cm宽；再用潮湿苔藓或泥炭土等包在伤口周围，最后用塑料薄膜包紧，并捆扎上下两端；1～2个月后，即可将生根枝条剪下上盆。

橡皮树常见的病害有炭疽病、叶斑病和灰霉病，用代森锰锌喷洒防治；虫害有介壳虫和蓟马，可用氧化乐果乳油、虫螨克喷杀。

234．榕树

榕树，又名孟加拉榕树、印度榕树，为桑科榕属，原产地亚洲热带。其形态自然、根盘显露、树冠秀茂、风韵独特，适宜摆设室内。

榕树是桑科榕属植物的总称，全世界已知有800多种，常见的品种有：

垂榕，又名垂叶榕、小叶榕，为同属品种，盆栽呈灌木状。分枝多，枝条柔软，多下垂，叶片绿色革质，较小。

花叶榕，又名花叶垂榕，为垂榕的栽培品种。常绿灌木，枝条稀少，株形较直立，叶片密集互生，叶脉和叶缘均有不规则浅黄色斑纹。

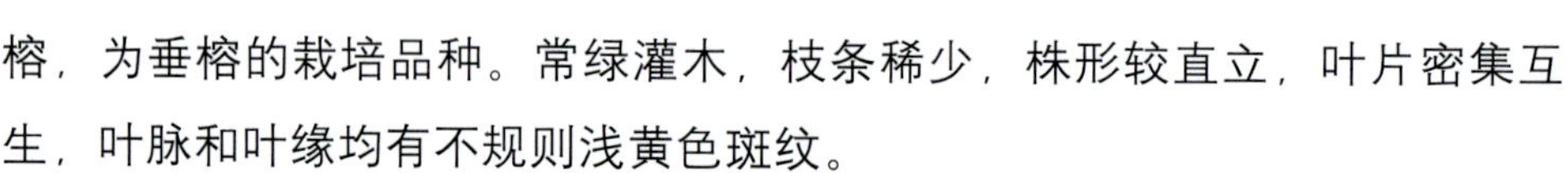

黄金榕，又名黄榕、金叶榕，为同属的栽培品种。叶片金黄色，光滑靓丽。在强光下生长叶色更美观。

人参榕，又名地瓜榕，由细叶榕的实生苗培育而成。其基部膨大的块根，实际上是其种子发芽时的胚根和下胚轴发生变异突变而形成的。

琴叶榕，为同属常见种。枝干黑色，叶片提琴状，全缘波状，叶片大，长20～30 cm，宽13～20 cm。叶面深绿色，叶背褐色、渐变白色。

榕树喜温暖湿润和阳光充足的环境，不耐寒，耐半阴，生长适温为20～30℃，冬季不能低于5℃。栽培土壤要求为疏松肥沃、排水良好、富含有机质呈酸性的沙质壤土。生长期间，要求水分供应充足，宜湿不宜干，始终保持盆土湿润，夏季还应经常给叶面喷水。每年施肥3～4次，不能过量，否则易导致其枝叶徒长，破坏植株的构图造型。在其抽枝发叶期间，要适当控制浇水，或多喷水少浇水，可促成其节短叶厚，同时给予充足的光照，使其叶质厚实而又叶色光亮。应注意生长期间盆土也不能过湿，更不能光照不足，否则会引起大量落叶。

人参榕

盆栽每2年换一次盆，以春季最好，在换盆的同时，对枝叶作适度修剪调整，使其能继续保持良好的株形。刚换土时浇水不宜过多，待气温上升到20℃以上，再给予正常的水肥管理。

繁殖常用扦插法，可于5月上旬采1年生充实饱满的枝条在花盆、木箱或苗床内扦插；将枝条按3节一段剪开，保留先端1～2枚叶片，插入素沙土中；荫蔽养护，每天喷水1～2次来提高空气湿度，无需覆盖塑料薄膜，20天后即可陆续生根。

琴叶榕

榕树叶片往往易感染叶斑病，可用甲基托布津可湿性粉剂喷洒防治，少量病叶也可及早摘除销毁，以防其蔓延为害；虫害主要有红蜘蛛，可用三氯杀螨醇乳油喷杀。

235．华灰莉木

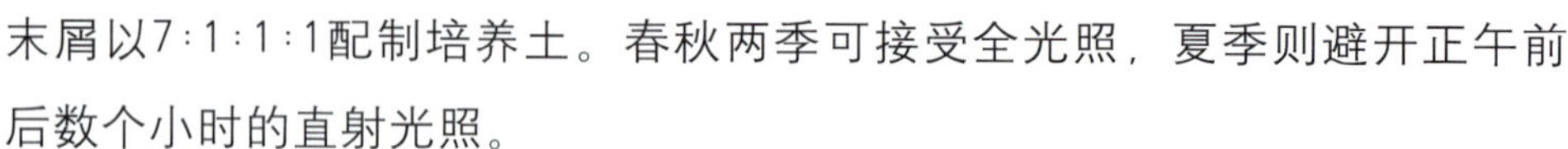

华灰莉木，又名非洲茉莉、灰莉木、箐黄果等，为马钱科灰莉属，原产地马达加斯加。其丰满的株形再加上碧绿青翠的革质叶，甚是讨人喜欢，是近年流行的室内观叶植物。

华灰莉木盆栽，可用腐叶土、河沙、沤制过的有机肥、发酵过的锯末屑以7∶1∶1∶1配制培养土。春秋两季可接受全光照，夏季则避开正午前后数个小时的直射光照。

华灰莉木要求水分充足，但忌积水，否则容易烂根。春秋两季浇水以保持盆土湿润为度，烈日炎炎的夏季，在上、下午各喷淋1次水，增湿降温；冬季以保持盆土微潮为宜，并在中午前后气温相对较高时，向叶面适量喷水。春、夏、秋三季，在施肥正常的情况下，如盆栽植株下部叶片发黄脱落，很有可能是因为积水烂根，要及时翻盆换土；夏季，若疏于浇水，使新抽嫩梢萎蔫下垂时，不能马上给盆土猛浇水，而是先给叶片喷一些水，待叶片稍有恢复后，再给盆土浇适量的水。

繁殖常用扦插法。最好在5～6月进行，剪取1～2年生健壮的枝条作插穗，穗长12～15 cm，带2～3个叶片，下切口最好位于节下0.2～0.3 cm处，将其扦插于泥炭土、沙壤土、蛭石中，蒙罩塑料薄膜保湿，晴天时注意遮阴，1～2个月后即可生根。

常见病害为炭疽病，可喷洒多菌灵可湿性粉剂、百菌清可湿性粉剂或炭特灵可湿性粉剂，每隔10天交替喷洒1次，连续3～4次。常见虫害为食叶性害虫，应及时喷洒敌百虫或乐果乳油，予以杀灭。

怎样养护观果类花卉

236. 观赏辣椒

观赏辣椒，又名五色椒、朝天椒、佛手椒、樱桃椒、珍珠椒等，为茄科辣椒属，原产地美洲热带地区。每年8～10月观果，颜色有绿、白、红、黑、紫。观赏辣椒耐高温、喜阳光，栽培环境要求光照充足，土壤排水良好、疏松肥沃，肥水管理要适当。

观赏辣椒一般在3月下旬播种，室内盆播或苗床播均可，真叶长至3～4片时便可移植。盆栽，可在6月上旬栽入17～20 cm的盆内，8月开始结果。

生长期间一般每隔10～15天需施追肥1次，开花结果期间应增施1～2次以磷为主的肥料，促使果多色鲜。开花期土壤不要过湿，浇水不宜过多，以防花蕾脱落。形成果实之后，应经常保持土壤略湿润为宜。对生长势旺盛的植株，施追肥不宜过多，否则易使枝叶徒长而影响开花挂果。经过适当的养护，盆栽的观果期往往可延长到年底。

繁殖常用种子繁殖，于2～3月播种，直播于盆内，覆土3～4 mm，保湿，温度保持约25℃，7天左右发芽，两叶一心可移栽。

观赏辣椒的主要病害有病毒病、炭疽病和疫病，可用甲基托布津、多菌灵、百菌清喷洒防治；虫害主要有蚜虫、螨类和白粉虱，可用氧化乐果乳油、一遍净喷杀。

237. 冬珊瑚

冬珊瑚，又名珊瑚樱、吉庆果、珊瑚子、玉珊瑚、红珊瑚、野辣茄、野海椒等，为茄科茄属，原产地欧亚热带。夏秋开花，花小，白色，果熟期正值元旦，春节期间，陈设于厅堂几架、窗台上，可增加喜庆气氛。

盆栽冬珊瑚，要经常保持盆土湿润，生长期间每隔半个月施1次稀薄饼肥液，开花期间停止施肥，同时适当控制浇水，这样就能促使冬珊瑚多开花多结果。如从孕蕾至幼果期追施2～3次速效性磷肥，就会使冬珊瑚果大色艳。但果实不能食用。

繁殖常用播种法和扦插法。播种于春季3月进行，当子叶展开后需分苗1次，苗长高至6～8 cm时便可上盆；至15 cm时需多次摘心，以增加其分枝，并保持丰满株形。扦插宜于夏季长期进行，剪取长8～10 cm带有顶芽的生长枝条(如有花蕾将其摘除)，按常规法扦插，保持苗床或盆土湿润，定期向插穗的顶芽、顶叶喷洒水雾，气温在18～28℃，约经10天便可成活。若扦插苗根须发达，植株低矮，适宜培育成小型的观果盆花。秋季扦插后，冬季就可欣赏到红艳艳的累累果实。

危害冬珊瑚的病虫害主要有三种，首要的是黑色多毛炭疽病，可在播种前用代森锰锌浸种5小时；对植株发病前后各喷1次波尔多液防治。其次是疫病，多发生在幼苗期，可进行土壤消毒，也可在发病前喷洒代森锰锌进行预防。其三是蚜虫，可用马拉松乳剂进行喷杀。

238. 乳茄

乳茄，又名五指茄、黄金果等，为茄科茄属，原产地美洲热带地区。其花紫色。果实卵形，幼果淡绿色，成熟后橙色，果面有不规则乳状突起，新奇可爱。观果期9月至翌年1月。乳茄果实除观赏外，还可药用，具有消炎镇痛，散瘀消肿的功效。

乳茄喜温暖、湿润和阳光充足环境，不耐寒，怕水涝和干旱。宜肥沃、疏松和排水良好的沙质壤土。冬季温度不得低于12℃。夏季每天浇水一两次，防过干落叶，影响生长，花期土壤过湿易落花，降低结果率，果实成熟期土壤要湿润，防果实干黄无光。高温干燥，易出现只开花不结果的现象。生长期每半个月施肥1次，孕蕾至幼果期增施2～3次磷、钾肥。花期遇高温干燥，花粉不易散开，影响授粉结果。秋季剪取长50～60 cm结果枝作插材，以茎、果为主，摘除叶片，插于清水中保鲜。

繁殖可用播种或扦插法。播种，春季盆播，发芽适温20～25℃，播后7～10天发芽。扦插，夏季用顶端嫩枝作插条，长12～15 cm，插入沙床，15～20天可生根，30天移栽上盆。

常见病害为叶斑病、炭疽病，可用抗菌剂401醋酸溶液喷洒防治。虫害有蚜虫和粉虱，用一遍净、氧化乐果乳油喷杀。

239. 观赏南瓜

观赏南瓜，为葫芦科南瓜属，原产地南美洲。其果形新奇、果色美丽、观赏性强。瓜形有扁圆、长圆、梨形、瓢形、碟形等，瓜色有绿、橘红、黄等颜色，间有条纹或斑纹，表面平滑或有棱线，果肉多为黄或深黄色。从播种到采收第一批瓜需70天左右。

观赏南瓜的主要品种有：

⑴ 鸳鸯梨南瓜梨形小果，果实底部为深绿色，上方为金黄色，并有淡黄色纵纹相间，呈现明显黄绿双色果，单果重100 g左右。

⑵ 瓜皮南瓜扁球形小果，瓜皮色为绿白条纹相间，像西瓜皮，单果重80 g，观赏性强，耐贮存。

⑶ 东升南瓜果实扁球形，果皮金红色，俗称“金瓜”，单果重1 400 g左右，老熟果能久贮，可作为艺术品装饰用，是逢年过节赠送亲朋好友的珍贵礼品。除以上品种外，还有果形像佛手的佛手南瓜，果形似烟斗或汤匙的龙凤瓢南瓜，果色金黄、果形为扇贝型的黄飞碟南瓜以及吉美西葫芦、福瓜等。

栽培观赏南瓜一般采用基质栽培方式，有袋培、槽培和盆栽等形式。分春秋两季种植，春植于2～3月播种，秋植7～8月播种，育苗移植，春季注意防寒育苗，苗长至2～4片真叶时移栽，肥水要充足，一般以腐熟鸡粪、复合肥作基肥，定植后，每星期用1%～3%的复合肥水溶液淋施2次。开花坐果期，要施1～2次有机肥和复合肥。苗高30～40 cm时开始吊绳引蔓。要加强人工授粉，提高结果率。

观赏南瓜以白粉病、病毒病、蚜虫、螨类为主要防治对象。苗期可用瑞毒霉喷雾防治猝倒病和疫病；生长期可用灭病威加多菌灵液或粉锈宁防治白粉病。

240. 佛手

佛手，又名佛手柑、五指柑、佛手香橼，为芸香科柑橘属，原产地中国和印度。由于佛手的祝福吉祥的含义，虽然比较难养，但也成了时下不少人家里的佼佼者。

佛手冬至时成熟，果实呈古铜色，香气袭人，不仅具有很高的观赏价值，而且也是一种健胃、理气的中药。用佛手的叶、花、果泡茶浸酒饮用，有理气健脾、化痰止咳、舒筋活血之功效。

佛手喜欢温暖的环境，畏寒怕旱，最适宜的生长温度为20～25℃，冬季必须在5℃以上才能安全越冬，越冬时室内温度如果时冷时热，会引起落叶。佛手在光照充足、通风良好的环境下才能生长旺盛。种植佛手的盆土不能用碱性的黏土，而要用酸性的沙质土壤。

平时要保持盆土湿润，需勤浇水。夏季高温正值佛手生长旺盛期，需水量较大，每天上、下午浇水一次，以盆土不干为度，除此以外还需进行喷水增加环境湿度。入秋后，浇水量可逐渐减少。冬季低温期，则只需保持盆土湿润便可。特别要注意的是在佛手处于开花、结果的初期，浇水不宜过多，否则会出现大量落花落果的现象。

佛手喜肥，在换盆时要施足基肥，在生长季节一般每半个月施一次稀薄的矾肥水，阴雨天停施，植株现蕾后要暂停施肥，待其幼果长到小指头大小，果已基本挂住后，再每7～10天追施一次含磷的淡肥水，连续4～5次，佛手如果只长叶不开花，是氮肥过多，应停止氮肥，多加磷肥；如果只开花不挂果是缺肥的表现。

佛手虽然一年多次开花，但6月底前后在当年春梢上开的花，多为两性花，容易结果，选择长度适中、枝节较短、叶片肥厚的粗壮短枝留1～2朵，其余疏除，以促其长成大果。在开花结果期间，还应注意将干枝上萌生的新芽抹除，以防发生落果。

佛手虽结果，但没有种子，所以只能通过无性繁殖，延续后代。繁殖佛手主要用嫁接、扦插、高空压条的方法进行。

佛手易出现黄叶病和叶片脱落现象，发生黄叶病可浇灌硫酸亚铁溶液。病虫害主要有炭疽病、煤烟病，可用甲基托布津、百菌清等药物喷洒防治；虫害主要有介壳虫及红蜘蛛，可用一遍净、氯氰菊酯、氧化乐果乳油喷杀。

241．金橘

金橘，又名金柑、金枣、金弹、罗浮等，为芸香科金橘属，原产地中国南方。夏季开花，花色玉白，香气远溢，秋冬季果熟或黄或红。

金橘具有药用价值，其味辛甘、性温。具有理气、解郁、化痰的功效。对心脏冠状动脉硬化、高血压等有防治效果，对防治胸闷郁结、食滞谓呆、咳嗽、胃脘不适等症也有较好效果。

金橘喜温暖湿润和日照充足的环境条件，稍耐寒，不耐旱，南北各地均作盆栽。要求富含腐殖质、疏松肥沃和排水良好的中性培养土，如果土壤偏酸也生长不好。

金橘苗期每年翻盆换土1次，下垫鸡鸭羽毛做基肥。结果以后可每2年翻盆换土。除此之外，从春季萌发到挂果之前需适时适度进行3次修剪。第一次在早春果实采收后，应对所有枝梢进行重剪，每枝仅留侧芽2枚。50天后，约在4月上旬抽生新梢的叶片已经生长健壮，应及时进行第二次短剪，促发二次枝。至6月上旬再对二次枝适时摘心，促发三次枝扩大株冠，增加着果部位。到8月中旬（处暑前10多天），逐日减少浇水量，使枝梢生长逐渐停止。8月下旬（处暑前4～5天）停止浇水，经3～4天日晒，叶片发蔫下垂，进

而因缺水叶缘向内翻卷。盆土处于相对干旱状态时，可在早晚向叶片洒些水，中午稍向盆中点些水，以防止叶片萎蔫到不可逆转的程度。当植株的主芽及预备芽都已膨胀，从绿转白时，即为花芽分化完成。此时逐步恢复浇水量，并追薄肥，从8月末到9月初就陆续开花。

金橘容易形成花芽，但开花量多时，坐果率低，因而保果很重要。开花时，应适当疏花，每枝留花蕾2～3个，同一叶腋内，如抽生2～3个花芽，可选留1个。花期和坐果初期，浇水要比平时偏少。水大、水小或施大肥都会引起落花、落果。花期不可淋水，可在午前、傍晚在周围环境洒水防尘，保持空气清新湿润。待幼果长到黄豆粒大坐稳后，才可增加浇水量和适度追肥，以磷钾肥为主。发现抽生新梢，要及时摘除。观果期室温不宜偏高，盆土不可太干或太湿，保持空气清新湿润，可延长观赏时日。

金橘的繁殖通常采用嫁接法，用其他柑橘类植物的实生苗作砧木，选择一年生粗壮的春梢作接穗。随采随用，剪去叶片保留叶柄。在4～5月间用切接法，芽接在6～9月间操作，靠接在4月间。

金橘常见病害有根腐病，此病多由土壤渍水而引起，可适当节水、排水；常见虫害有潜叶蛾、红蜘蛛，可用氧化乐果乳油进行喷雾防治，每10天1次，喷3～4次即可。

242. 柚子

柚子，又名柚、雪柚、气柑、文旦等，为芸香科柑橘属，原产地中国南方地区。它在每年的农历八月十五左右成熟，皮厚耐藏，一般可存放三个月而不失香味，故有“天然水果罐头”之称。其味道酸甜，略带苦味，含有丰富的维生素C及大量其他营养素，是医学界公认的最具食疗效益的水果，有降血糖、降血脂、减肥、美肤养容等功效。经常食用，对糖尿病、血管硬化等疾病有辅助治疗作用，对肥胖者有健体养颜功能。

柚子喜欢湿润环境，应保持土壤相对含水量在60%～80%，浇水时应掌握少量多次。

柚子的修剪，定干高度一般50 cm左右，主枝数量2～3个，侧枝留在主枝两边错位分布，并呈水平状态或弯曲形。修剪时主要采取短截、缓放、疏除、回缩等不同的修剪方法，从而使新发枝达到结果的目的。另外，在果实采收后应进行结果枝的更新，这样可促进植株提前开花，为多结果打下基础。

繁殖常用播种法和压条法。

柚子病害主要有炭疽病，可喷洒甲基托布津、多菌灵进行防治；虫害常见的有螨类、蚧类、潜叶蛾类，可用氧化乐果乳油、虫螨克、金霸螨、氯氰菊酯等喷杀。

243. 柠檬

柠檬，又名柠果，洋柠檬，益母果，为芸香科柑橘属，原产印度、中国西南、缅甸西南部、喜马拉雅山南麓东部地区。通常周年开花，每年可采收果实6～10次。

盆栽柠檬应注意以下几个环节：

⑴ 合理修剪，调节树体内营养合理分配，达到花果满枝的目的。在春梢萌发前，要进行强度修剪，首先去除枯枝、病害枝、徒长枝、内向枝、交叉枝、萌生枝等。对强枝弱剪，留4～5个饱满芽；弱枝强剪，留2～3个芽，促使每个枝条多发健壮的春梢。春梢长齐后，为控制其徒长，可进行轻剪，剪去枝梢3～4节。以后长出的新梢有6～8节时就摘心，以诱发较多的夏梢。

⑵ 花前“扣水”。具体做法是，在处暑前十余天对盆栽柠檬的供水逐渐减少，前5天停止供水，盆土经日晒，水分大量蒸发，盆土干燥，根系因水分缺乏，产生枝叶失水，叶片干瘪、卷曲。为防止叶片脱水，可早、晚向叶面喷水，同时也可向盆土喷少量水，使柠檬处于既干旱又不致于枯死的条件下，其腋芽反而日益膨大，芽色由绿转白，当大部分腋芽由

绿转白时，“扣水”促花就成功了。此时要及时恢复给盆栽柠檬供水。

⑶ 保花保果。在花未开时先疏去一部分花蕾；花谢、坐果后，再疏去一些位置不当的幼果，以减少消耗养分，让有限的养分集中供给保留下来的花、果，使果实长得更大更好。在果实成长期间，为保住果实，对长出的新梢要及时抹除。果实成熟时，停止施肥，并减少浇水，让土壤保持湿润略微偏干。倘若继续给予过多的肥水，则果实会提前老熟和早落，缩短观赏时间。

⑷ 合理施肥。植株在萌芽前施一次腐熟液肥，以后每7～10天施一次以氮肥为主的液肥，促使多长枝叶、多发春梢。每次摘心后，要及时施肥，促使枝条提早老熟。柠檬生长期间，可在盆面撒一些饼肥，使每次浇水都有一些肥料渗入土中，增强肥力。入秋后，施肥减少，避免植株营养过剩、促发秋梢，与果实争夺养分而造成落果。

柠檬的繁殖多用扦插法或压条进行。

常见病害有疮痂病，可用多菌灵、百菌清喷洒防治。常见虫害有红蜘蛛、潜叶蛾，可用氯氰菌酯、虫螨克、氧化乐果乳油喷杀。

244. 代代

代代，又名玳玳、酸橙、臭橙、回青橙、回春橙等，为芸香科柑橘属，原产地中国浙江省。代代绿叶婆娑，不仅芳香迷人，而且硕果累累。代代暮春开花因新花老果同枝，几代果实共存，枝叶花朵，隔代而生，数代同枝。青、黄、红、白、绿多色并展，相融交映，五彩缤纷，故有代代之名。

代代有药用价值，其成熟果实，药名枳壳，幼果的药名“枳实”，后者的功能稍猛。代代其性味苦、酸、微寒。有破气、行痰、散积、消痞之功效。

代代喜温暖、湿润的气候，喜肥，需阳光充足、通风良好的环境。盆栽宜在清明以后出室，出室起初只能放在避风向阳的地方培植。一般两三年换一次盆，在谷雨时节换盆最为适宜。代代需三年以上的培育才能开花结果。

盆栽要点主要有：生长期要放在室外阳光充足处，以保持盆土湿润而不积水。雨季要注意排水，以免盆土积水造成烂根。代代喜空气湿润的环境，5～8月经常向植株喷水，但花期不可喷水，否则会造成烂花。秋凉后逐渐减少浇水次数和浇水量，浇水过量会使枝叶徒长，消耗过多的养分，导致冬季落叶。生长期每10天左右施一次肥，可用腐熟的

稀薄饼肥液与矾肥水交替进行。花芽分化期增施一次磷酸二氢钾之类的速效磷肥，以利于孕蕾和坐果。冬季放在室内向阳处，控制浇水，保持室内不结冰即可。若温度过高，会使植株得不到充分休眠，对第二年的生长非常不利，易造成落花落果。每年春季对植株进行一次修剪，剪除枯枝、过密枝、纤弱枝、病虫枝和徒长枝。每一两年的早春换盆一次，盆土可用腐叶土、园土、沙土各1/3的混合土，并在盆底放些碎骨头块做基肥。换盆时对植株进行一次修剪，一般每株保留3～5个健壮枝条，每个枝条上保留两三个芽，其余的芽全部剪掉。

代代可用扦插和嫁接的方法进行繁殖。扦插在6～7月上旬进行。方法是剪取一年生健壮枝条长10 cm，作为插穗，插在壤土和沙土的混合土中，注意通风、光照，经常浇水，两个月后即可发根。翌年可移植盆栽。嫁接一般在清明前进行，砧木常用2～3年生的柑橘类植物，嫁接成活后再移植盆栽。

代代的病害有溃疡病、疮痂病、流胶病、霉污病等，可用波尔多液、退菌特、多菌灵喷洒防治；虫害主要有吹棉蚧、红蜘蛛、蚜虫、锈壁虱，可用氧化乐果乳油、氯氰菊酯、虫螨克喷杀。

245．石榴

石榴，又名安石榴、海石榴，为石榴科石榴属，原产地伊朗和阿富汗。盆栽石榴品种有两大类型：一类是开花不结果的花榴种，大多属于重瓣花类型；另一类是既开花又结果的籽榴种。供观赏的花卉石榴主要以它绚丽多彩的花朵而闻名。

石榴喜光，有不少家庭因庭院荫蔽或因常将盆栽放在室内，植株不能接受直射阳光而不能开花结果。盆栽石榴在生育期一天不能少于6小时直射阳光照射，尤其是开花结果前一段时期。

要控制氮肥，氮肥施多了徒使茎叶肥大，不能开花结果。开花时停止施肥，结实后，可适当施肥，不能过量，施肥过多，易造成落果。

平时要注意控制浇水，尤其不要向叶面喷水，以免引起徒长，影响开花结果。5～6月开花时水量可稍增加，但要防止过分潮湿。

石榴的生长力旺盛，一年抽三次梢，春梢开花挂果率最高，夏梢、秋梢也可着花，但挂果率极低，因此要将夏梢、秋梢摘除，石榴极易发枝，依生长发育特性分为营养枝、徒长枝、结果母枝及结果枝．结果母枝及结果枝常由发育壮实的春梢形成。修剪时徒长枝要随时剪除。

家庭繁殖常用扦插、分株、压条等方法。扦插，春季选二年生枝条或夏季采用半木质化枝条扦插均可，插后15～20天生根。分株，可在早春4月芽萌动时，挖取健壮根蘖苗分栽。压条，春、秋季均可进行，不必刻伤，芽萌动前用根部分蘖枝压入土中，经夏季生根后割离母株，秋季即可成苗。

石榴常见病害为干腐病、霉污病，可将病枝剪掉烧毁或喷洒甲基托布津、多菌灵防治；害虫主要是桃蛀螟，可用洒灭菊酯喷杀。

246. 朱砂根

朱砂根，又称大罗伞、富贵子，为紫金牛科紫金牛属，原产地亚热带丘陵地阔叶林下。它株形秀丽，果实鲜红，且耐阴，是优良的室内观果花卉。夏季开花，花序腋生，花白色捎带粉红。果实球状。根部，在秋季采挖，切碎，晒干后可以入药，有行血祛风，解毒消肿的功能。

盆栽用土可将腐叶土、培养土、河沙以4:4:2混合配制而成。上盆时应选用小号盆（以后再换盆），先在盆底垫上3 cm厚的瓦砾，以利排水，然后将小苗栽于盆中。每盆栽一株，浇足定根水，放在室内或室外荫棚下养护。新梢长至8 cm以上时去顶摘心，促进分枝。夏秋季生长快，要求水分充足，通风良好，要勤浇水，保持盆土湿润状态，并向叶面和地面喷水，以增加空气湿度。冬季果实转为红色，浇水量宜减少，越冬温度不低于5℃即可。4～10月每隔20天施1次氮、磷、钾复合肥。开花期要停止施氮肥，果实变红后就不必再施肥了。

繁殖以播种为主，于10～12月果实鲜红坚硬时即可采收，将果实采下，置于清水中搓去果皮，捞出可直接在浅盆上播种，覆土后在盆面上盖玻璃或塑料薄膜，以减少水分蒸发。保持土壤湿润，温度控制在18～24℃之间，20天左右即可生根出苗，当幼苗有3片真叶时，停水蹲苗数天，即可起苗上盆。播种苗两年即能开花结果，以供观赏。

朱砂根易发生褐斑病，可用多菌灵喷洒防治。

247. 欧李

欧李，又名山梅子、小李仁，为蔷薇科李属，原产地中国东北、山西、山东等地。花期4～5月，果期6～8月，果实含钙高又称高钙果。果实似小李子，酸甜可口，风味独特，营养丰富，其钙和铁的含量为水果之最。

欧李喜阳光充足较湿润环境，耐干旱、耐严寒，在肥沃的沙质壤土中种植为宜。家庭养护应该放置在阳光充足处，夏季高温期要适当喷水降温，冬季移至低温处使其进入休眠期。每年要追肥3次，分别在开花前、果实膨大期和采收后进行。根施以果树复合肥为好。每次追肥应结合浇水进行。果实膨大后期还应叶面追肥2次以上，叶面喷施可选用磷酸二氢钾以弥补果实发育对养分的急需。浇水时间及次数可视土壤缺水情况而定，春季次数宜少每次需饱，花期最好不要浇水，以防潮湿烂花。

要经常剔除基部多余的分蘖芽，枝条长于30 cm的分枝短剪到25～30 cm，苗木的主干一般保持30～40 cm，最上端有5～10 cm的发育不充实区剪掉。

繁殖可以使用播种或分根法。播种后，当年幼苗可形成花芽，第二年结果，第三年进入盛果期。它童年期很短，从种子播种到形成新的种子仅需16个月，是自然界一般果树都不具备的特点。

欧李的病虫害较少，常见虫害为蚜虫，可用一遍净、氧化乐果乳油喷洒防治。湿度大时，可用三唑酮防治白粉病、用农用链霉素防治叶片穿孔病。

248. 火棘

火棘，又名火把果、救军粮等，蔷薇科火棘属，原产地中国南方地区。花期3～4月，果近球形，成穗状，9月底开始变红，一直可保持到春节。

火棘的适应性强，成活率高，可用保水性强、吸肥力大、排水性好、酸碱适中的肥沃土壤直接上盆。

在开花期，应将其置于背风向阳处，有利于坐果，坐果后亦应在阳光充足处养护，以使果实丰硕、色泽红亮。果实成熟后，为了延长挂果期，应移至半阴半阳处。火棘浇水不干不浇，浇则浇透。在开花期要适当控制浇水，使盆土稍偏干，以利于坐果。

火棘应根据不同的生长期而施肥。在植株成形前，应施以氮肥为主的肥料。当植株已经基本成形，需要枝条生长缓慢一些，以利于植株开花结果，适当多施点含磷钾较多的肥料。入冬后，火棘处于休眠期，不要施肥。

火棘多在短枝开花结果，开花坐果后，应把长枝剪短只留2～3个节，使其形成结果母枝。火棘有时花序密集成团，一束花序上有几十个单花，可疏剪掉一部分，以不使营养分散，有利于果实长得好。

繁殖常用播种法和扦插法。播种可于9月种子成熟后采收，清理洗净后即可播下，也可放在干沙中藏至第二年春季再播。扦插取用嫩枝老枝

均可，嫩枝扦插宜在6～9月这段时间，取半木质化的枝条，比较容易成活。

火棘易得白粉病，可喷洒波尔多液、石硫合剂或多菌灵进行防治。害虫主要有介壳虫，可用铁丝、木棍或小刀将介壳虫除掉，也可用虫螨克、氯氰菊酯喷杀；还有蚜虫，可用40%的氧化乐果喷杀。